焊工操作轻松学系列

好焊工应知应会一本通

陈　永　赵自勇　宋韬慧　孟　迪　刘梅生
宋文献　杨明杰　曹瑞春　尼军杰　魏　炜　编　著

机械工业出版社

本书全面系统地介绍了焊工应知应会的技术知识。其主要内容包括焊工基础知识、常用焊接设备、焊接材料、焊条电弧焊、氩弧焊、CO_2 气体保护焊、埋弧焊、气焊和气割、碳弧气刨、其他焊接方法、焊接常见缺欠及防止措施，共 11 章。本书内容简洁、实用，图表丰富。书中提供的典型实例都是成熟的操作工艺，便于读者学习和借鉴，具有极强的针对性和实用性。读者通过阅读学习本书，可以轻松地掌握焊工应知应会的知识点，提高焊接操作技能、设备维修保养技能以及正确选择焊接材料的能力，成为一名优秀的焊工。

本书可供焊接工人阅读，也可作为焊接技术人员和相关专业职业培训人员的参考书。

图书在版编目（CIP）数据

好焊工应知应会一本通/陈永等编著. —北京：机械工业出版社，2022.3

（焊工操作轻松学系列）

ISBN 978-7-111-58639-5

Ⅰ.①好… Ⅱ.①陈… Ⅲ.①焊接 Ⅳ.①TG4

中国版本图书馆 CIP 数据核字（2022）第 024881 号

机械工业出版社（北京市百万庄大街 22 号　邮政编码 100037）
策划编辑：陈保华　　　　　　责任编辑：陈保华　戴　琳
责任校对：肖　琳　李　婷　封面设计：马精明
责任印制：李　昂
北京中兴印刷有限公司印刷
2022 年 4 月第 1 版第 1 次印刷
148mm×210mm · 8.625 印张 · 244 千字
标准书号：ISBN 978-7-111-58639-5
定价：39.00 元

电话服务　　　　　　　　　网络服务
客服电话：010-88361066　　机　工　官　网：www.cmpbook.com
　　　　　010-88379833　　机　工　官　博：weibo.com/cmp1952
　　　　　010-68326294　　金　书　网：www.golden-book.com
封底无防伪标均为盗版　机工教育服务网：www.cmpedu.com

前　言

众所周知，任何材料只有形成结构件才具有使用功能，焊接是形成结构件最直接、最简单的方法。焊接技术是一种不可或缺的加工手段。焊工是技术含量很高的工种。

作为一名优秀的焊工，既要有熟练的操作技能，又要懂得焊接设备的维修保养并具备正确选择焊接材料等相关能力。本书作者多年从事与焊接相关的科研实验、现场操作、焊工教学等工作，理论与实践相结合，经验丰富，了解焊接工人在工作中的实际需求。编写本书旨在对焊接工人进行全面的指导。本书内容详略得当，图表丰富，针对性和实用性极强。书中提供的典型实例都是成熟的操作工艺，便于读者学习和借鉴。读者通过自学本书，可以轻松地掌握一名焊工必备的基本知识和基本技能，成为一名优秀的焊工。

本书由陈永、赵自勇、宋韬慧、孟迪、刘梅生、宋文献、杨明杰、曹瑞春、尼军杰、魏炜编著。其中，第 1 章由陈永编著，第 2 章由赵自勇编著，第 3 章由宋韬慧、陈永编著，第 4 章由刘梅生、宋文献编著，第 5 章由杨明杰、孟迪、曹瑞春编著，第 6 章由赵自勇、尼军杰、魏炜编著，第 7 章由赵自勇、刘梅生编著，第 8 章由赵自勇、宋文献、孟迪编著，第 9 章由赵自勇、杨明杰、孟迪编著，第 10 章由赵自勇、孟迪编著，第 11 章由陈永编著。王金荣对全书进行了认真审阅。

在本书的编写过程中，参考了大量国内外同行的文献，在此谨向有关人员表示衷心的感谢！

由于我们水平有限，不足之处在所难免，敬请广大读者批评指正。

作　者

目　　录

第1章

焊工基础知识

1.1 概述

焊接是通过加热或加压或两者并用，使用或不使用填充材料，使两工件达到永久性结合的一种连接方法。它是由铆接发展延伸出来的一种更方便、更经济的连接工艺。

1.1.1 焊接种类

焊接方法有熔焊、压焊和钎焊三大类。

（1）熔焊 熔焊是利用各种能源，将焊接处加热至熔化状态，填充或不填充焊丝（条），使工件达到牢固结合的一种焊接方法，如图 1-1 所示。熔焊分为焊条电弧焊、气体保护焊、埋弧焊、等离子弧焊、电渣焊、电子束焊、激光焊等。

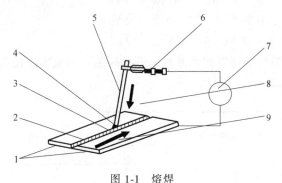

图 1-1 熔焊

1—工件 2—焊缝 3—熔池 4—电弧 5—焊条 6—焊钳
7—焊机 8—进给方向 9—焊接方向

熔焊又分为熔化极焊和非熔化极焊，如图 1-2 所示。

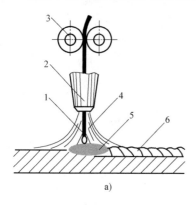 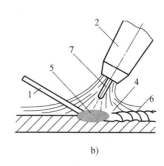

a)　　　　　　　　　　　　　　　　b)

图 1-2　电弧焊

a）熔化极焊　b）非熔化极焊

1—焊丝　2—喷嘴　3—送丝滚轮　4—保护气体　5—熔池　6—焊缝　7—钨极

（2）压焊　压焊是将准备连接的工件置于两电极之间后施加压力，对焊接处通以电流，利用电流流过工件接头的接触面及邻近区域产生的电阻热加热，形成局部熔化，断电后在压力继续作用下形成牢固接头的焊接方法，如图 1-3 所示。

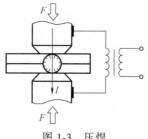

图 1-3　压焊

（3）钎焊　钎焊是指在低于母材熔点而高于钎料熔点的温度下，将钎料与母材一起加热，钎料熔化而母材不熔化，熔化的钎料扩散并填满钎缝间隙而形成牢固接头的一种焊接方法，如图 1-4 所示。

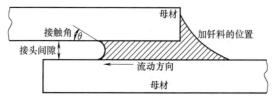

图 1-4　钎焊

熔焊、压焊和钎焊的接头对比如图 1-5 所示，三大焊接方法的特点及应用见表 1-1。

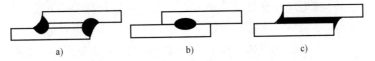

图 1-5 熔焊、压焊和钎焊的接头对比

a）熔焊 b）压焊 c）钎焊

表 1-1 三大焊接方法的特点及应用

焊接类型	是否填加焊接材料	母材是否熔化	应用领域
熔焊	可填加可不填加	熔化	适用于造船、压力容器、机械制造、建筑结构、化工设备等
压焊	不填加	熔化	适用于各种薄板的冲压结构等
钎焊	填加	不熔化	适用于各种电子元器件、电路板、不承受压力的流体输送用管道等

焊接方法分类如图 1-6 所示。

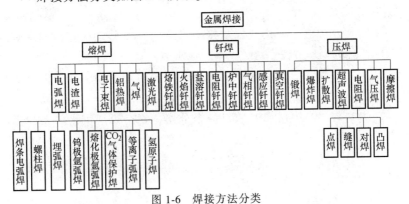

图 1-6 焊接方法分类

1.1.2 常用熔焊术语

GB/T 3375—1994《焊接术语》对焊接过程中所使用的术语进行了详细规定，常用的熔焊术语有如下 20 种：

（1）堆焊 为增大或恢复焊件尺寸或使焊件表面获得具有特

殊性能的熔敷金属而进行的焊接。

（2）带极堆焊　使用带状熔化电极进行堆焊的方法。

（3）衬垫焊　在坡口背面放置焊接衬垫进行焊接的方法。

（4）定位焊　为装配和固定焊件接头的位置而进行的焊接。

（5）正接法　直流电弧焊时，待焊工件接电源正极、电极接电源负极的接线方法，如图 1-7a 所示。

（6）反接法　直流电弧焊时，待焊工件接电源负极、电极接电源正极的接线方法，如图 1-7b 所示。

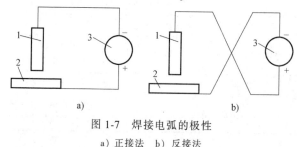

图 1-7　焊接电弧的极性

a）正接法　b）反接法

1—焊条　2—工件　3—焊接电源

（7）左焊法　焊接热源从接头右端向左端移动，并指向待焊工件部分的操作方法。

（8）右焊法　焊接热源从接头左端向右端移动，并指向待焊工件部分的操作方法。

（9）焊层　多层焊时的每一个分层，每个焊层可由一条焊道或几条并排相搭的焊道组成。

（10）打底焊道　单面坡口对接焊时，形成背垫（起背垫作用）的焊道，如图 1-8 所示。

（11）封底焊道　单面对接坡口焊完后，又在焊缝背面施焊的最终焊道（是否清根可视需要确定），如图 1-9 所示。

图 1-8　打底焊道　　　　　　　图 1-9　封底焊道

（12）熔透焊道 只从一面焊接而使接头完全熔透的焊道，一般指单面焊双面成形焊道，如图 1-10 所示。

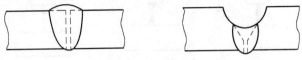

图 1-10 熔透焊道

（13）单面焊 只在接头的一面（侧）施焊的焊接。

（14）双面焊 在接头的两面（侧）施焊的焊接。

（15）单道焊 只熔敷一条焊道完成整条焊缝所进行的焊接。

（16）多道焊 由两条以上焊道完成整条焊缝所进行的焊接，如图 1-11a 所示。

（17）多层焊 熔敷两个以上焊层完成整条焊缝所进行的焊接，如图 1-11b 所示。

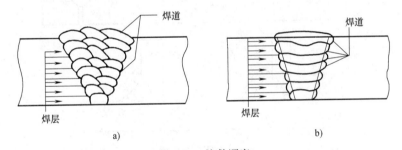

a)   b)

图 1-11 熔敷顺序

a) 多道多层焊　b) 单道多层焊

（18）熔滴过渡 熔滴通过电弧空间向熔池转移的过程，分粗滴过渡、短路过渡和喷射过渡三种形式。粗滴过渡（颗粒过渡）是指熔滴呈粗大颗粒状向熔池自由过渡的形式，如图 1-12a 所示；短路过渡是指焊条（或焊丝）端部的熔滴与熔池短路接触，由于强烈过热和磁收缩的作用使其爆断，直接向熔池过渡的形式，如图 1-12b 所示；喷射过渡是指熔滴呈细小颗粒并以喷射状态快速经过电弧空间向熔池过渡的形式，如图 1-12c 所示。

（19）焊缝成形系数 熔焊时，在单道焊缝横截面上的焊缝宽

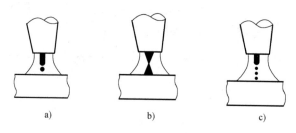

图 1-12 熔滴过渡形式

a) 粗滴过渡 b) 短路过渡 c) 喷射过渡

度 (B) 与焊缝计算厚度 (H) 的比值，记作 p，则 $p = B/H$，如图 1-13 所示。

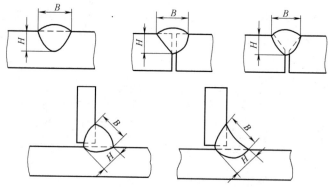

图 1-13 焊缝成形系数

（20）熔合比 熔焊时被熔化的母材在焊道金属中所占的百分比。

1.2 熔焊接头

1.2.1 熔焊接头的组成

熔焊接头包括焊缝、熔合区、热影响区和母材 4 部分，如图 1-14 所示。

（1）焊缝 焊缝是在焊接过程中由填充金属和部分母材熔合后凝固而成的，它起着连接金属和传递力的作用。

（2）熔合区 熔合区由焊缝边界上固液两相交错共存后凝固形成，是接头中焊缝与热影响区相互过渡的区域。

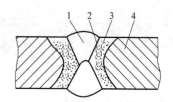

图 1-14 熔焊接头
1—焊缝 2—熔合区 3—热影响区 4—母材

（3）热影响区 热影响区是母材受焊接热输入的影响而发生组织及性能变化的区域，此区域不发生熔化。

1.2.2 熔焊接头的形式

采用熔焊方法连接的接头称为熔焊接头，熔焊接头的基本形式分为对接接头（见图 1-15）、搭接接头（见图 1-16）、角接接头（见图 1-17）、T 形接头（见图 1-18）、十字接头（见图 1-19）、端部接头（见图 1-20）、卷边接头（见图 1-21）和套管接头（见图 1-22）共 8 种。

图 1-15 对接接头

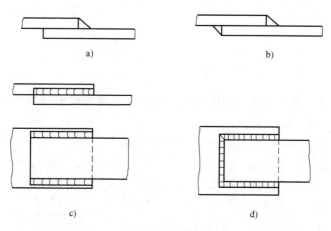

图 1-16 搭接接头

a）单面正面角焊缝 b）双面正面角焊缝 c）侧面角焊缝 d）联合角焊缝

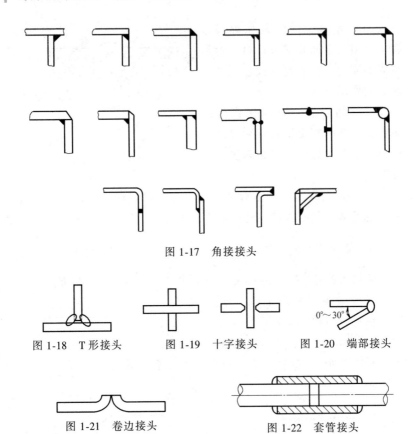

图 1-17　角接接头

图 1-18　T 形接头　　　　图 1-19　十字接头　　　　图 1-20　端部接头

图 1-21　卷边接头　　　　　　　　图 1-22　套管接头

1.2.3　熔焊接头的形状尺寸

（1）焊缝余高　超出母材表面连线上面的那部分焊缝金属的最大高度，如图 1-23 所示。

（2）焊根　焊缝背面与母材的交界处，如图 1-24 所示。

（3）焊趾　焊缝表面与母材的交界处，如图 1-25 所示。

（4）焊缝宽度　焊缝表面两焊趾之间的距离，如图 1-25 所示。

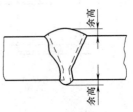

图 1-23　焊缝余高

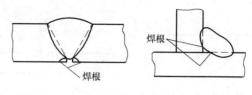

图 1-24　焊根

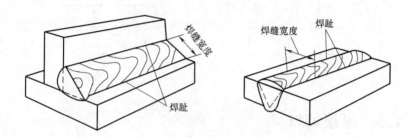

图 1-25　焊缝宽度及焊趾

（5）焊缝厚度　在焊缝横截面中，从焊缝正面到焊缝背面的距离。在设计焊缝时使用的焊缝厚度称为计算厚度，对接焊缝焊透时焊缝厚度等于焊件的厚度，角焊缝时焊缝厚度等于在角焊缝横截面内画出的最大直角等腰三角形从直角顶点到斜边的垂线长度，如图 1-26 所示。

图 1-26　焊缝厚度

（6）熔深　在焊接接头横截面上，母材或前道焊缝熔化的深度，如图 1-27 所示。

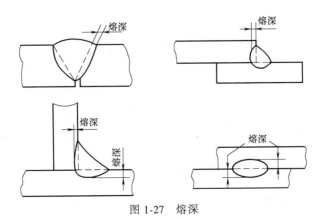

图 1-27　熔深

1.3　焊接坡口

坡口就是根据设计或工艺需要，将焊件的待焊部位加工并装配成一定几何形状的沟槽，可以在焊接时使电弧深入坡口根部，保证根部焊透。

1.3.1　坡口类型

焊接接头的坡口一般分为单一坡口和组合坡口。

（1）单一坡口　单一坡口的种类如图 1-28 所示。

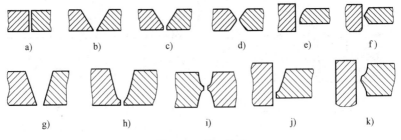

a)　　　b)　　　c)　　　d)　　　e)　　　f)

g)　　　h)　　　i)　　　j)　　　k)

图 1-28　单一坡口

a) I 形坡口　b) V 形坡口　c) Y 形坡口　d) 双 Y 形坡口　e) 单面 Y 形坡口　f) 双面 Y 形坡口　g) U 形坡口　h) 带钝边 U 形坡口　i) 带钝边双 U 形坡口　j) 带钝边 J 形坡口　k) 带钝边双 J 形坡口

（2）组合坡口　当工艺上有特殊要求时，生产中还经常采用各种比较特殊的坡口。例如：厚壁圆筒形容器的终结环缝采用内壁焊条电弧焊、外壁埋弧焊的焊接工艺，为减少焊条电弧焊的工作量，筒体内壁可采用较浅的 V 形坡口，而为减少埋弧焊的工作量，外壁采用 U 形坡口，于是形成一种组合坡口，如图 1-29 所示。

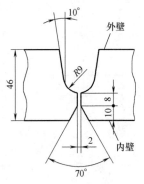

图 1-29　组合坡口

设计坡口时，应遵循容易加工、可达性好、填充材料少、有利于焊接变形的原则。表 1-2 所列是坡口设计不当及改进实例。

表 1-2　坡口设计不当及改进实例

项目	圆棒对接	厚板与薄板角接	法兰角接	三板 T 形接
不合理				
合理		或		
说明	棒端车成尖锥状，对中和施焊困难。削成扁凿状即可改善	坡口应开在薄板侧，既节省坡口加工费用，又节省填充材料	上图填充金属多，可能引起层状撕裂、焊缝位于加工面上	上图易引起立板端层状撕裂

1.3.2　坡口几何尺寸

坡口几何尺寸包括坡口角度、坡口面角度、根部间隙、钝边尺寸和根部半径，如图 1-30 所示。

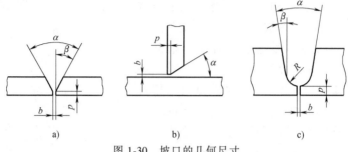

图 1-30　坡口的几何尺寸

a）V 形坡口对接　b）Y 形坡口对接　c）U 形坡口对接

α—坡口角度　β—坡口面角度　b—根部间隙　p—钝边尺寸　R—根部半径

（1）坡口角度　坡口角度是指两坡口面之间的夹角，用符号 α 表示。

（2）坡口面角度　坡口面角度是指待加工坡口的端面与坡口面之间的夹角。开单面坡口时，坡口角度等于坡口面角度；开双面对称坡口时，坡口角度等于坡口面角度的两倍，坡口面角度用符号 β 表示。

（3）根部间隙　焊件装配好后，在焊缝根部通常都留有间隙。这个间隙有时是装配的原因产生的，有时是故意留的。在单面焊双面成形的操作中，就应注意要留有一定的间隙，以保证在焊接打底焊道时，能把根部焊透，根部间隙用符号 b 表示。

（4）钝边尺寸　钝边的作用是防止焊缝根部焊穿，钝边留量的多少视焊接方法及采取的工艺不同而不同，钝边尺寸用符号 p 表示。

（5）根部半径　I 形、U 形坡口底部的半径称为根部半径，用符号 R 表示。根部半径的作用是增大坡口根部的空间，使焊条或焊丝（考虑到焊嘴尺寸的影响）能够伸入根部的空间，以促使根部焊透。

1.4　焊缝符号

产品图样和工艺文件上焊缝符号的含义是一个合格焊工必备的

基础知识。GB/T 324—2008《焊缝符号表示法》对焊缝符号的表示规则有明确的规定。

1.4.1 基本符号

基本符号表示焊缝横截面的基本形式和特征，见表1-3。

表1-3 表示焊缝的基本符号

序号	名 称	示意图	符 号
1	卷边焊缝(卷边完全熔化)		八
2	I 形焊缝		‖
3	V 形焊缝		V
4	单边 V 形焊缝		⌱
5	带钝边 Y 形焊缝		Y
6	带钝边单边 Y 形焊缝		⼕
7	带钝边 U 形焊缝		Y
8	带钝边 J 形焊缝		⼕
9	封底焊缝		⌣
10	角焊缝		◺
11	塞焊缝或槽焊缝		⊓

（续）

序号	名　称	示意图	符　号
12	点焊缝		○
13	缝焊缝		⊖
14	陡边 V 形焊缝		⊻
15	陡边单 V 形焊缝		⊬
16	端焊缝		‖‖
17	堆焊缝		⌒⌒
18	平面连接（钎焊）		＝
19	斜面连接（钎焊）		∥
20	折叠连接（钎焊）		⊇

1.4.2 基本符号的组合

在标注双面焊焊接接头和焊缝时，基本符号可以组合使用，见表 1-4。

表 1-4 基本符号的组合

名　称	示意图	符　号
双面 V 形焊缝(X 焊缝)	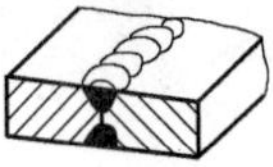	 X
双面单 V 形焊缝(K 焊缝)	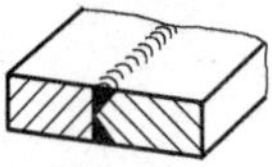	 K
带钝边的双面 V 形焊缝		 X
带钝边的双面单 V 形焊缝	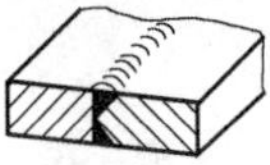	 K
双面 U 形焊缝		X

1.4.3 补充符号

补充符号用来补充说明有关焊缝或接头的某些特征（如表面形状、衬垫、焊缝分布、施焊位置等），见表 1-5。

表 1-5 补充符号

名　称	符　号	说　明
平面	 ——	焊缝表面通常经过加工后平整
凹面	⌣	焊缝表面凹陷
凸面	⌢	焊缝表面凸起
圆滑过渡	 ⌣⌣	焊趾处过渡圆滑
永久衬垫	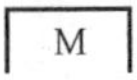 M	衬垫永久保留

（续）

名　称	符　号	说　明
临时衬垫	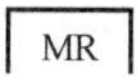 MR	衬垫在焊接完成后拆除
三面焊缝		三面带有焊缝
周围焊缝	○	沿着工件周边施焊的焊缝 标注位置为基准线与箭头线的交点处
现场焊缝		在现场焊接的焊缝
尾部		可以表示所需的信息

1.4.4　尺寸符号

尺寸符号见表1-6。

表1-6　尺寸符号

符号	名称	示意图	符号	名称	示意图
δ	工件厚度	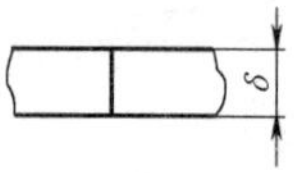	R	根部半径	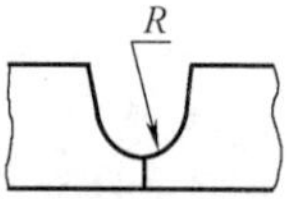
α	坡口角度	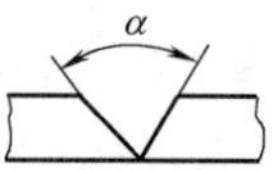	H	坡口深度	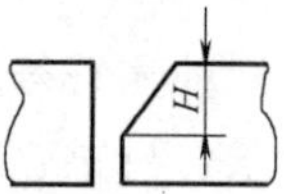
β	坡口面角度	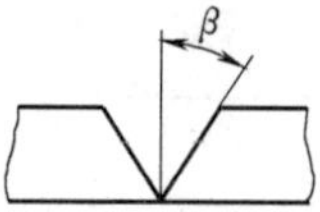	S	焊缝有效厚度	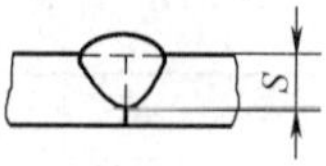
b	根部间隙	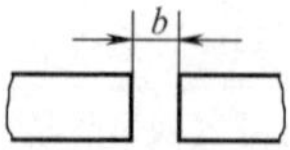	c	焊缝宽度	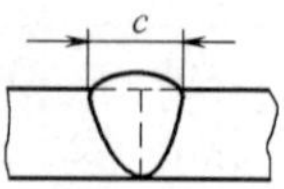
p	钝边尺寸	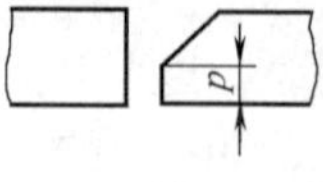	K	焊脚尺寸	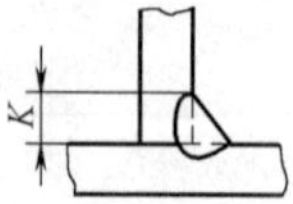

（续）

符号	名称	示意图	符号	名称	示意图
d	点焊：熔核直径塞焊：孔径		e	焊缝间距	
n	焊缝段数	n=2	N	相同焊缝数量	N=3
l	焊缝长度	l	h	余高	h

1.5 焊接位置

焊接时工件连接处的空间位置称为焊接位置。

1.5.1 板-板的焊接位置

1）两平板进行焊接时，焊接位置分为平焊位置、横焊位置、立焊位置和仰焊位置，如图 1-31 所示。

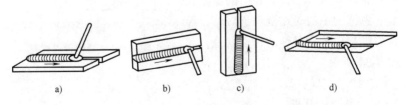

图 1-31 焊接位置
a）平焊位置　b）横焊位置　c）立焊位置　d）仰焊位置

2）两板组成 T 形接头、十字形接头和角接接头并进行水平位置焊接时，称为船形焊，如图 1-32 所示。

1.5.2 管-板的焊接位置

管-板焊接通常分为三类：垂直俯位、垂直仰位、水平固定；按其接头种类又可分为骑座式管-板焊接和插入式管-板焊接，如图 1-33 所示。

图 1-32 船形焊

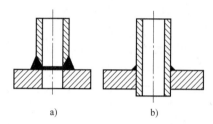

图 1-33 管-板的焊接位置

a）骑座式管-板焊接位置 b）插入式管-板焊接位置

1.5.3 管-管的焊接位置

管子对接时，管子边转动边焊接，始终处于平焊位置焊接，称为水平转动焊。若焊接时，管子不动，焊工变化焊接位置，称为全位置焊，水平固定管板焊也可以称为全位置焊。全位置焊要求焊工具有较高的操作技能、熟练的手法。在全位置焊时，经常将焊接位置按时钟的钟点划分，如图 1-34 所示。

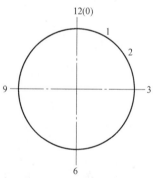

图 1-34 全位置焊钟点焊接

1.6 焊接电弧

焊接电弧是在由焊接电源供给的、具有一定电压的两电极间或电极与母材间，产生于气体介质中的强烈而持久的放电现象。它能把电能有效而简便地转化为热能、机械能和光能。焊接电弧分为熔化极电弧和非熔化极电弧。熔化极电弧形态有短路过渡、熔滴过渡、喷射过渡和脉冲过渡等形式，如图 1-35 所示。维持电弧稳定

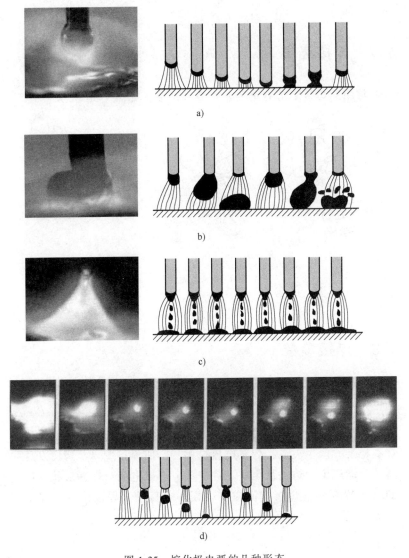

图 1-35　熔化极电弧的几种形态
a) 短路过渡电弧　b) 熔滴过渡电弧　c) 喷射过渡电弧　d) 脉冲过渡电弧

燃烧的电弧电压很低，只有 10～50V，在电弧中能通过很大电流，可从几安到几千安。电弧具有很高的温度，弧柱温度不均匀，中心温度可达 5000K。电弧能发出很强的光，包括红外线、可见光和紫外线三部分。

1.7 焊接姿势

常用的焊接姿势有蹲姿、坐姿和站姿，如图 1-36 所示。

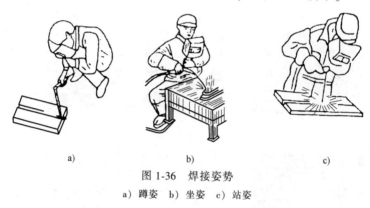

a)   b)   c)

图 1-36 焊接姿势

a）蹲姿 b）坐姿 c）站姿

1.8 焊接参数

1.8.1 焊接电流

焊接电流是最重要的焊接参数。焊接电流过小，会造成电弧燃烧不稳定，产生夹渣；焊接电流过大，会使焊条发热、药皮发红脱落，焊缝产生咬边，甚至将工件烧穿。焊接电流对焊缝形状的影响如图 1-37 所示。焊接电流主要根据焊条直径、焊接位置、焊接层数等确定。

1.8.2 焊接电压

焊接电压即电弧两端（两电极）之间的电压降。当焊条和母

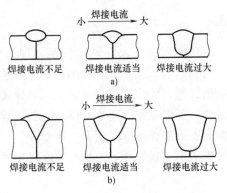

图 1-37　焊接电流对焊缝形状的影响

a) I 形坡口　b) Y 形坡口

材一定时,电弧电压主要由电弧长度决定。电弧长,则电弧电压高;电弧短,则电弧电压低。焊接电压对焊缝形状的影响如图 1-38 所示。

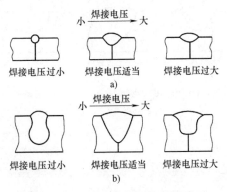

图 1-38　焊接电压对焊缝形状的影响

a) I 形坡口　b) Y 形坡口

当电弧长度大于焊条直径时称为长弧,小于焊条直径时称为短弧。使用酸性焊条时,一般采用长弧焊接,这样电弧能稳定燃烧,并能得到质量良好的焊接接头。由于碱性焊条药皮中含有较多的氧化钙和氟化钙等高电离电位的物质,若采用长弧焊接则电弧不易稳定,容易出现各种焊接缺欠,因此碱性焊条应采用短弧焊接。

1.8.3 焊接速度

焊接速度是单位时间内完成焊缝的长度（即焊枪沿焊接方向移动的速度），可由操作人员根据具体情况灵活掌握，原则是保证焊缝具有所要求的外形尺寸，且熔合良好。如果焊接速度太小，则焊缝会过高或过宽，外形不整齐，焊接薄板时甚至会烧穿，热影响区过宽，晶粒粗大；如果焊接速度太大，焊缝较窄，则会产生未焊透、未熔合、焊缝成形不良等缺欠。焊接速度对焊缝形状的影响如图 1-39 所示。

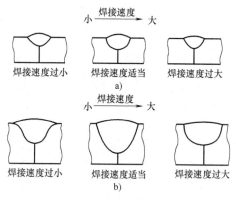

图 1-39　焊接速度对焊缝形状的影响

a）Ⅰ形坡口　b）Y形坡口

第2章

常用焊接设备

2.1 焊条电弧焊设备

2.1.1 焊条电弧焊设备的种类

焊条电弧焊设备主要由弧焊电源（俗称电焊机）和焊钳组成。弧焊电源是利用正负两极在瞬间短路时产生的高温电弧来熔化焊条和被焊母材，然后凝固形成焊缝，使母材达到连接或形成堆焊层的设备。按焊接电流的种类不同，弧焊电源可分为交流弧焊电源、直流弧焊电源和逆变弧焊电源。交流弧焊电源（见图 2-1）的焊接电流可以从几十安调到几百安，并可根据工件的厚度和所用焊条直径的大小任意调节所需的电流值；直流弧焊电源（见图 2-2）具有耗电量大、耗材多、噪声大等缺点，应用很少；逆变弧焊电源（见图 2-3）重量轻、体积小、高效节能，具有良好的焊接性。

图 2-1 交流弧焊电源　　图 2-2 直流弧焊电源　　图 2-3 逆变弧焊电源

焊条电弧焊的连接回路如图 2-4 所示。

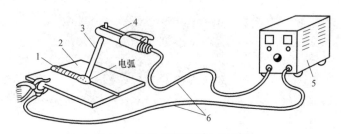

图 2-4　焊条电弧焊的连接回路

1—焊缝　2—焊件　3—焊条　4—焊钳（把）　5—弧焊电源　6—焊接电缆

2.1.2　焊条电弧焊设备的维护

正确使用和维护焊接设备，不但能保证其工作性能，还能延长其使用寿命。一个合格的焊工，必须掌握电弧焊设备的正确使用与维护方法。

1）焊机的安装场地应通风干燥、无振动、无腐蚀性气体，焊接设备机壳必须接地牢靠，现场使用的电弧焊设备应设有防雨、防潮、防晒的机棚，并附有相应的消防器材。

2）多台焊机集中使用时，应分别接在三相电源网络上，使三相负载平衡；多台焊机的接地装置应分别由接地极处引接，不得串联。

3）对于新的或长久未用的焊机，常由于受潮使绕组间、绕组与机壳间的绝缘电阻大幅度降低，在开始使用时容易发生短路和接地，在使用前应检查其绝缘电阻是否合格。

4）电弧焊设备的电源开关必须采用电磁起动器，且必须使用减压起动器，使用时在合、断电源刀开关时，头部不得正对电闸。

5）电源线、焊接电缆与焊机的接线处安装有屏护罩，接线处电缆裸露长度不大于 10mm，输出接线的出线方向向下接近垂直，与水平夹角不小于 70°；电弧焊设备与焊钳间电缆长度不得超过 30m；焊机接线柱要接触良好，固定螺母要压紧，平垫圈、弹簧垫圈齐全，无生锈氧化等不良现象；经常检查电弧焊设备的电刷与换向片间的接触情况，当火花过大时及时更换或压紧电刷或修整换向片。

6）电源开关、电源指示灯及调节手柄旋钮应保持完好，电流表和电压表指针灵活准确，表面清楚无裂纹。

7）直流焊接设备应按规定方向旋转，对于带有通风机的要注意风机旋转方向是否正确，应使风由上方吹出，以达到冷却焊机的目的。

8）在焊钳与工件短接的情况下，不得起动焊接设备。

9）要保持焊接设备的内部和外部清洁，经常润滑焊机的运转部分，整流焊接设备必须保证整流元件的冷却和通风良好。每半年对焊接设备用压缩空气清除一次内部的粉尘，在去除粉尘时，应将上部及两侧板取下，然后按顺序由上向下吹气。

10）检修焊接设备故障时必须切断电源，移动焊接设备时，应避免剧烈振动，不得用拖拉电缆的方法移动焊接设备。当焊接中突然停电时，应立即切断电源。

11）在焊接过程中不允许调节电流，必须在停焊时使用调节手柄调节电流。

12）工作完毕或临时离开工作场地时，必须切断电源。

2.1.3　焊条电弧焊设备的故障排除

焊条电弧焊设备常见故障、产生原因及排除方法见表2-1。

表 2-1　焊条电弧焊设备常见故障、产生原因及排除方法

故障特征	产生原因	排除方法
焊机过热	焊机过载 变压器绕组短路 铁心螺杆绝缘损坏	减小焊接电流 消除短路 恢复绝缘
焊接过程中电流忽大忽小	焊接电缆、焊条等接触不良 可动铁心随焊机振动而移动	使接触可靠 防止铁心移动
焊机外壳带电	一次绕组或二次绕组碰壳 电源线与罩壳碰接 焊接电缆误碰外壳 未接地或接地不良	检查并消除碰壳处 消除碰壳现象 消除碰壳现象 接妥地线

（续）

故障特征	产生原因	排除方法
焊接电流过小	焊接电缆过长，降压太大 焊接电缆卷成盘形，电感太大 电缆接线柱与焊件接触不良	减小电缆长度或加大直径 将电缆放开，不使它成盘形 使接触处接触良好
无法引弧	接线错误 电源无电压 线圈短路或断路 电压过低	检查接线是否正确 检查电源开关及熔断器是 否连接完好 检修线圈 调高电压
熔断器频繁 熔断	绕组匝间短路 电源线路短路或接地 熔断器额定电流太小	检修绕组 检修电源线 更换熔断器
电刷有火花	电刷与换向片接触不良 换向片间云母凸出	清理接触面并调整电刷压 力大小 清理凸出的云母使之低于 换向片 1mm
噪声过大	控制电路板损坏 铁心活动部分移动机构损坏 可动铁心的制动螺母或弹簧 太松	检修更换控制电路板 检修移动机构 拧紧螺母，调整弹簧拉力
出现连续断弧 现象	输出电流偏小 输出极性接反 焊条牌号选择错误 绕组匝间接触不良	增大输出电流 改换输出极性 更换焊条 检修绕组
无空载电压	控制箱焊接电缆或地线插头 接触不良 遥控盒电位器损坏，其电缆接 头松脱或断线 电路板损坏	检修，保证控制箱焊接电缆 或地线插头接触良好 检修，可分段测其电压 更换电路板
焊机空载电压 太低	网路电压过低 变压器一次绕组匝间短路 电磁起动器接触不良	调整电压至额定值 消除短路现象 使接触良好
焊接电流调节 失灵	控制绕组匝间短路 焊接电流控制器接触不良 控制整流元件击穿	消除短路现象 使电流控制器接触良好 更换元件

(续)

故障特征	产生原因	排除方法
焊接电流不稳定	主回路交流接触器抖动 风压开关抖动 控制绕组接触不良	消除抖动 消除抖动 使其接触良好
风扇电动机不转	熔丝烧断 电动机绕组断线 按钮触头接触不良	更换熔丝 修复或更换电动机 修复或更换按钮
焊接过程中焊接电压突然降低	主回路全部或部分产生短路 整流元件击穿 控制回路断路	修复线路 更换元件,检查保护线路 检修控制回路

2.2 氩弧焊设备

2.2.1 氩弧焊设备的种类

氩弧焊设备按输出电源类型可分为直流钨极氩弧焊机（见图2-5）和交流钨极氩弧焊机（见图2-6）。

图2-5 直流钨极氩弧焊机

图2-6 交流钨极氩弧焊机

1）采用钨极氩弧焊时，由于电弧的阳极温度比阴极温度高，如果采用直流反接，则钨极很快就被氧化，以致烧损严重，电弧不稳，因而许用电流很小，所以一般情况下不用直流反接，而用直流正接。直流钨极氩弧焊可以焊接除铝、镁及其合金材料外的金属材料。

2）采用交流钨极氩弧焊时，因采用交流电源，利用阴极破坏作用，在焊接铝、镁及其合金时，可以不用熔剂，而是靠电弧来去除氧化膜，形成良好的焊缝。

3）钨极氩弧焊枪主要由喷嘴、夹持体、气把、弹性夹头、电极和盖组成，如图2-7所示。

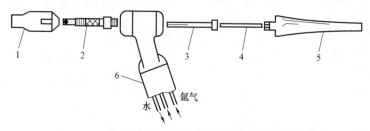

图 2-7　钨极氩弧焊枪结构

1—喷嘴　2—夹持体　3—弹性夹头　4—电极　5—盖　6—气把

4）钨极氩弧焊设备组成如图2-8所示。

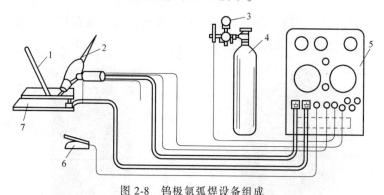

图 2-8　钨极氩弧焊设备组成

1—填充金属　2—焊枪　3—流量计　4—氩气瓶　5—焊机　6—开关　7—工件

2.2.2　氩弧焊设备的维护

1）焊机距墙壁 200mm 以上，两台焊机相隔 300mm 以上。

2）焊机外壳必须接地，接地电缆线断面面积大于 $15mm^2$，二次接地线严禁接在焊机壳体上。

3）焊接工作回路线不能搭接在管道电力、电表保护套上。

4）保持焊机清洁，定期用干燥压缩空气进行清洁（总电源关闭5min后方可打开外盖）。

5）焊机在使用前，应检查水管、气管的连接，保证焊接时正常供水、供气；应按外部接线图正确接线，并检视焊机铭牌电压值与网络电压值是否相符，若不符时不得使用。

6）注意焊枪冷却水系统的工作情况，不能有漏水渗水现象。

7）氩气瓶要严格按照高压气瓶的规定使用，气瓶使用处应设有固定支架并远离明火和电气设备。

8）定期检查焊接电源和控制部分继电器、接触器的工作情况，发现触头接触不良时，及时修理或更换。

9）注意供气系统的工作情况，发现漏气时应及时检查并解决问题。

10）不能长时间使用焊机的最大电流，否则会烧坏某些元器件。

11）焊枪在使用中需经常更换钨极、密封圈、喷嘴及其他易损件。装拆焊枪要按正确顺序进行：拧下电极压帽→拨出电极夹头→取下钨极。在装拆过程中，发现零件卡死、无法拆装时，不能用重物敲打。

12）不要将焊枪电缆及气、水管等接触灼热的工件，焊接结束后将焊枪挂牢，防止摔落。

13）工作完毕或离开现场时，必须切断焊接电源，关闭水源及氩气瓶阀门。

2.2.3　氩弧焊设备的故障排除

氩弧焊设备常见故障、产生原因及排除方法见表2-2。

表2-2　氩弧焊设备常见故障、产生原因及排除方法

故障特征	可能产生原因	排除方法
焊机起动后，无保护气输送	1）电磁气阀故障 2）气路堵塞 3）控制电路故障	检修

（续）

故障特征	可能产生原因	排除方法
焊接电弧不稳	1)焊接电源故障 2)消除直流分量电路故障 3)脉冲稳弧器不工作	检修
焊机起动后,高频振荡器工作,引不起电弧	1)焊件接触不良 2)网络电压太低 3)接地电缆太长 4)钨极形状或伸出长度不合适	1)清理焊件 2)提高网络电压 3)缩短接地电缆 4)调整钨极伸出长度或更换钨极
焊机不能正常起动	1)焊枪开关故障 2)控制系统故障 3)起动继电器故障	检修
电源开关接通,指示灯不亮	1)开关损坏 2)指示灯坏 3)熔断器烧断	1)更换开关 2)更换指示灯 3)更换熔断器
水流开关指示灯不亮	1)水流开关失灵或损坏 2)水流量小	1)更换或修复水流开关 2)增大水流量
无引弧脉冲	引弧触发回路或脉冲主回路发生故障	检修引弧触发回路及输入、输出端,检修脉冲主回路和脉冲支回路
有引弧脉冲但不能引弧	引弧脉冲相位不正确或焊接电源不工作	对调焊接电源输出端或输入端,检修接触器,调节电源空载电压
引弧后无稳弧脉冲	稳弧脉冲触发回路发生故障	切断引弧触发脉冲,检修稳弧脉冲触发回路
稳弧脉冲时有时无	晶闸管被击穿	更换晶闸管
无振荡或振荡火花微弱	1)放电器电极烧坏 2)放电盘云母击穿 3)火花放电间隙不合理 4)脉冲引弧器或高频振荡器损坏	1)更换放电器电极 2)更换云母 3)调节间隙 4)更换脉冲引弧器或高频振荡器

2.3 CO_2 气体保护焊设备

2.3.1 CO_2 气体保护焊设备的种类

CO_2 气体保护焊设备根据送丝方式的不同分为全自动 CO_2 气体保护焊设备和半自动 CO_2 气体保护焊设备。

全自动 CO_2 气体保护焊设备是采用等速送丝方式的焊机,其焊接电流是通过送丝速度来调节的,送丝机构质量的好坏直接关系到焊接过程的稳定性。因此要求送丝系统能维持并保证送丝均匀而平稳,且能使送丝速度在一定范围内进行无级调节,以满足不同直径焊丝及焊接参数的要求,如图 2-9 所示。

图 2-9 全自动 CO_2 气体保护焊设备

半自动 CO_2 气体保护焊的送丝方式有三种,即推丝式、推拉丝式和拉丝式,如图 2-10 所示。

CO_2 气体保护焊焊接回路如图 2-11 所示。

2.3.2 CO_2 气体保护焊设备的维护

1)焊机预热 15min 后方可焊接。

2)焊枪铜弯管处应外包有电工绝缘胶布。

3)及时清理送丝软管内污垢。

4)及时清除导电嘴上的飞溅物或更换导电嘴。

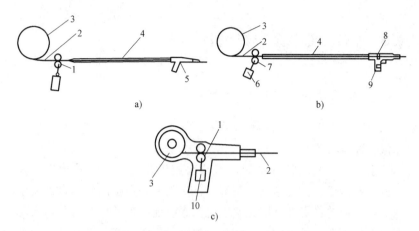

图 2-10　半自动 CO_2 气体保护焊的送丝方式

a）推丝式　b）推拉丝式　c）拉丝式

1—送丝轮　2—焊丝　3—焊丝盘　4—软管　5—焊枪　6—推丝
电动机　7—推丝轮　8—拉丝轮　9—拉丝电动机　10—送丝电动机

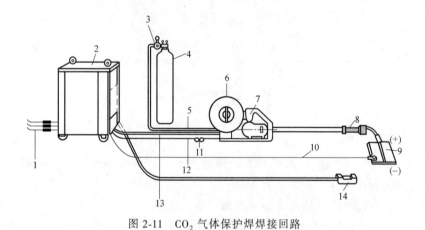

图 2-11　CO_2 气体保护焊焊接回路

1——次侧电缆　2—焊接电源　3—气体流量调节器　4—气瓶　5—通气
软管　6—焊丝　7—送丝机　8—焊枪　9—母材　10—母材侧电缆
11—电缆接头　12—焊接电缆　13—控制电缆　14—遥控盒

5）经常检查电源和控制部分的接触器及继电器触点的工作情
况，发现烧损或接触不良时，应及时修理或更换。

6）经常检查送丝电动机和小车电动机的工作状态，发现电刷磨损、接触不良时要及时，修理或更换。

7）定期检查送丝机构和减速器的润滑情况，及时添加或更换新的润滑油。

8）及时更换已磨损的送丝轮。

9）冷却风扇应吹向整流桥。

10）经常检查导电嘴与导电杆之间的绝缘情况，防止喷嘴带电，并及时清除附着的飞溅金属。

11）经常检查供气系统的工作情况，保证气流均匀畅通。

12）定期用干燥压缩空气清洁焊机。

13）当焊机较长时间不用时，应将焊丝自软管中退出，以免日久生锈。

2.3.3 CO_2 气体保护焊设备的故障排除

CO_2 气体保护焊设备常见故障、产生原因及排除方法见表 2-3。

表 2-3 CO_2 气体保护焊设备常见故障、产生原因及排除方法

序号	故障现象	产生故障的原因	排除故障的方法
1	焊接电弧不稳定	1）送丝软管弯曲半径小于 400mm 2）三相电源的相间电压不平衡 3）焊接参数未调好 4）连接处接触不良 5）夹具导电不良 6）二次侧极性接反 7）焊工操作或规范选用不当 8）电抗器抽头位置选用不当	1）展开送丝软管 2）检查熔断器、整流元件是否损坏并更换之 3）重新选择焊接参数 4）检查各导电连接处是否松动 5）改善夹具与工件的接触 6）改变错误的接线 7）按正确操作方式施焊，重新选用焊接参数 8）重新选用合适的电抗器抽头档

（续）

序号	故障现象	产生故障的原因	排除故障的方法
2	产生气孔或凹坑	1）工件表面不清洁 2）焊丝上粘有油污或生锈 3）CO_2（或 Ar）气体流量太小 4）风吹焊接区，气体保护恶化 5）喷嘴上粘有飞溅物，保护气流不畅 6）CO_2 气体质量太差 7）喷嘴与焊接处距离太远	1）清理工件上的油、污、锈、涂料等 2）加强焊丝的保管与使用，清除焊丝、送丝轮和软管中的油污 3）检查气瓶气压是否太低，接头处是否漏气、气体调节配比是否合适 4）在野外或有风处施焊时，应采取相应的保护措施 5）清除喷嘴上的飞溅物，并涂抹硅油 6）采用高纯度的 CO_2 气体 7）保持合适的焊丝干伸长进行焊接
3	空载电压过低	1）电网电压过低 2）三相电源缺相运行 ①熔断器烧断 ②整流元件损坏 ③接触器某相触点接触不良	1）加大供电电源变压器容量，或避免白天用电高峰时焊接 2）检修 ①更换 ②更换 ③检修或更换
4	焊缝呈蛇行状	1）焊丝干伸长过长 2）焊丝矫直装置调整不合适	1）保持合适的焊丝干伸长 2）重新调整
5	送丝电动机不运转	1）送丝轮打滑 2）焊丝与导电嘴熔结在一起 3）送丝轮与导向管间焊丝发生卷曲 4）控制电路或送丝电路的熔断器的熔丝烧断 5）控制电缆插头接触不良	1）调整送丝轮压力 2）重新更换导电嘴 3）剪除该段焊丝后，重新装焊丝 4）更换熔丝 5）检查插头后拧紧，如果不行则更换

（续）

序号	故障现象	产生故障的原因	排除故障的方法
5	送丝电动机不运转	6）焊枪开关接触不良或控制电路断开 7）控制继电器线圈或触头烧坏 8）调整电路故障 ①印制电路板插座接触不良 ②电路中元器件损坏 ③有虚焊或断线现象 ④控制变压器烧坏 9）电动机损坏	6）更换开关，修复断开处 7）更换控制继电器 8）排除调整电路故障 ①检查插座并插紧 ②更换损坏的元器件 ③修复断开或虚焊处 ④更换控制变压器 9）更换电动机
6	焊枪（喷嘴）过热	1）冷却水压不足或管道不畅 2）焊接电流过大，超过焊枪许用负载持续率	1）设法提高水压，清理疏通管路，消除漏水处 2）选用与实际焊接电流相适应的焊枪
7	电压调节失控	1）焊接主电路断线或接触不良 2）变压器抽头切换开关损坏 3）整流元件损坏 4）移相和触发电路故障 5）继电器线圈或触头烧坏 6）自饱和磁放大器故障	1）检查焊接电路，接通断开处，拧紧螺钉 2）更换新开关 3）更换整流元件 4）修理或更换损坏的元器件 5）更换继电器 6）逐级检查，排除故障
8	CO_2 保护气体不流出或无法关断	1）电磁气阀失灵 2）气路堵塞 ①减压表冻结 ②水管折弯 ③飞溅物阻塞喷嘴 3）气路严重漏气 4）气瓶压力太低	1）先检查气阀控制电路或更换电磁气阀 2）使气路通畅 ①接通预热器 ②理顺水管 ③清除阻塞物，并涂抹硅油 3）更换破损气管 4）换上压力足够的新气瓶

（续）

序号	故障现象	产生故障的原因	排除故障的方法
9	引弧困难	1)焊接电路电阻太大 ①电缆截面太小或电缆过长 ②焊接电路中各连接处接触不良 2)焊接参数不合适 3)工件表面太脏 4)焊工操作不当	1)减小焊接电路电阻 ①加大电缆截面,减小接头或缩短电缆长度 ②检查各连接处,使之接触良好 2)加大电弧电压,降低送丝速度 3)清除工件表面油污、漆膜和锈迹 4)调节焊丝干伸长,改变焊枪角度,降低焊接速度
10	焊丝回烧(焊丝与导电嘴末端焊住)	1)焊接规范不合适 2)导电嘴导电不良 3)焊接回路电阻太大 4)焊工操作不当 5)导电嘴与工件间的距离太近	1)降低电弧电压,减小送丝速度 2)更换导电不良的导电嘴 3)加大电缆截面,缩短电缆长度,检查各连接处,保证良好导电 4)改变焊接角度,增加焊丝干伸长 5)适当拉开两者间的距离
11	焊接电压过低且电源有异常声音	1)晶闸管击穿短路 2)三相主变压器短路	1)更换晶闸管 2)修复短路处
12	焊丝盘中焊丝松散	焊丝盘制动轴太松	紧固焊丝盘制动轴
13	送丝电动机过载	焊丝盘制动轴太紧	放松焊丝盘制动轴
14	未按送丝开关即送丝	1)焊枪开关接线短路 2)控制电缆接头进水 3)控制板发生故障	1)脱离水源后将水擦干 2)更换电压调整电位器 3)更换控制板
15	无法手动送丝	手动送丝开关损坏	更换手动送丝开关

（续）

序号	故障现象	产生故障的原因	排除故障的方法
16	气体加热器失灵	1)加热器电阻丝断开 2)温控装置失灵 3)加热器熔丝熔断 4)加热器连线断开	1)更换加热器电阻丝 2)更换温控装置 3)更换加热器熔丝 4)接通加热器连线
17	焊接飞溅大	1)丝径选择开关不合适 2)焊丝生锈 3)晶闸管发生故障 4)电网电压波动大	1)调整丝径选择开关 2)更换焊丝 3)检修晶闸管 4)停机等待电网电压稳定后再焊接
18	收弧时焊丝不能自锁	控制板发生故障	更换控制板

2.4 埋弧焊设备

2.4.1 埋弧焊设备的种类

埋弧焊是一种电弧在焊剂层下燃烧并进行焊接的方法，具有焊接质量稳定、焊接生产率高、无弧光及烟尘很少等优点，是压力容器、管段制造、箱型梁柱等重要钢结构制作中的主要焊接方法。

埋弧焊设备分为全自动埋弧焊设备（见图2-12）和半自动埋弧焊设备两类。

自动埋弧焊接时，引燃电弧、送丝、电弧沿焊接方向移动及焊接收尾等过程完全由机械来完成。

半自动埋弧焊主要是软管自动焊，其特点是采用较细直径的焊丝，焊丝通过弯曲的软管送入熔池。电弧的移动是靠手工来完成的，而焊丝的送进是自动的。半自动埋弧焊可以代替自动埋弧焊焊接一些弯曲和较短的焊缝，主要应用于角焊缝，也可用于对接焊缝。

小车式埋弧焊机的组成如图2-13所示。

图 2-12　自动埋弧焊设备

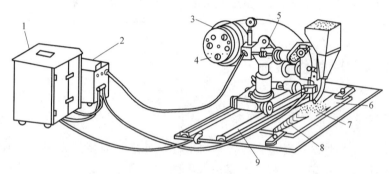

图 2-13　小车式埋弧焊机的组成

1—弧焊电源　2—控制箱　3—焊丝盘　4—控制盘　5—焊接
小车　6—焊件　7—焊剂　8—焊缝　9—导轨

2.4.2　埋弧焊设备的维护

1) 电源的进出线和接地线必须接触良好。

2) 在网络电压波动大而频繁的场合要用专线供电。

3) 保持焊机的清洁，保证焊机在使用过程中各部分动作灵活，特别是保持机头部分的清洁，避免焊剂、渣壳碎末阻塞活动部件。

4) 保持导电嘴与焊丝的接触良好，防止电弧不稳。

5) 定期检查送丝轮磨损情况并及时更换。

6）对小车、送丝机构减速箱内各运动部件应定期添加润滑油。

7）控制电缆在小车端头应加以固定。

8）控制电缆长期处于运动状态，很容易折断，可用万用表电阻档按电缆两端号码测量通断情况，有折断的要用备用线连接。

9）常温时经常检查温度继电器是否导通，以及冷却风扇运转是否正常，出现问题及时更换器件。

10）焊接前应检查送丝机构是否运转正常，在不装焊丝时，按下焊接按钮，空载时送丝轮应慢速旋转。当电压降到 28~44V 时送丝轮应快速旋转，当短路电压为零时，送丝轮应反转，若不正常应更换控制电路板。

11）焊机机头电源等不能受雨水或腐蚀性气体的侵袭腐蚀，也不能在温度很高的环境中使用。

2.4.3　埋弧焊设备的故障排除

目前国内最常用的自动埋弧焊机是 MZ-1-1000 型，其常见故障、产生原因及排除措施见表 2-4。

表 2-4　MZ-1-1000 型自动埋弧焊机常见故障、产生原因及排除措施

序号	故障现象	可能原因	处理方法
1	风机不转	1）熔丝熔断 2）电动机绕组断线 3）电路接头、开关、继电器的触头接触不良	1）更换 2）修复电动机 3）检查接头、触头接触是否良好，修理或更换
2	空载电压低	1）电源电压偏低，电源开关、接线板、接触器等接头或触头接触不良 2）整流二极管损坏	1）检查电源电压是否正常，各接头是否松动（注意进线板），触头接触是否良好 2）可在焊机上初步判断二极管的好坏，必要时使其与电路断开，做进一步的检查

（续）

序号	故障现象	可能原因	处理方法
3	焊接电流小	1) 空载电压低 2) 调节器接触不良或损坏。控制绕组及其电路接触不良，元件损坏 3) 焊接电缆破损漏电，焊接回路接头接触不良 4) 电源进线细	1) 抽出焊丝，检查空载电压是否正常，若低，则处理同2 2) 检查调节器，测量其电压或电流。检查其电路接头、元件及电压 3) 检查焊接回路电缆及其接头，使其绝缘或接触良好 4) 电源进线的截面积应不小于 $25mm^2$
4	整流二极管易损坏	1) 使用不当，大电流焊接时短路时间长 2) 元件质量差 3) 过电压保护失灵 4) 内桥内电阻损坏	1) 尽可能避免大电流工作时短路 2) 选购质量好的元件，必要时选用电流较大、耐压较高的元件 3) 检查过电压保护元件是否损坏 4) 检查内桥内电阻的绝缘是否损坏
5	合上开关或按下起动按钮，熔丝熔断	1) 印制电路板各整流器有二极管击穿，引起短路 2) 电动机的电枢短路或磁场开路 3) 控制电路有短路现象	根据熔断的熔丝，检查有关电路 1) 初步检查印制电路板元件及电路，若未发现问题，则换好印制电路板，先试后修 2) 检查电动机的电枢绕组及其对地电阻，判断是否短路 3) 检查有关控制电路
6	按起动按钮，主接触器不动作	1) 风动板未到位，微动开关接触不良 2) 接触器未吸合，或触头接触不良 3) 以上电器控制电路接头松动或断线	1) 调整挡风板，使其在风吹的角度，微动开关接触良好 2) 检查接触器是否动作，各触头、接头接触及导线是否良好

（续）

序号	故障现象	可能原因	处理方法
7	按焊丝向上或向下按钮时，送丝机不动作、转速低、只上不下或只下不上	1)熔丝熔断 2)电枢电源未接通 3)电动机的电刷接触不良，电枢及其电路断线或接头松脱 4)电动机磁场电路工作不正常 5)晶闸管损坏，或其控制电路虚焊、元件损坏	1)查明原因，更换熔丝 2)检查开关及有关电路 3)从插头来测电枢及励磁绕组(应掌握各绕组电阻值，便于比较)电阻值。检查电刷、调整压力或更换电刷。检查绕组有关电路 4)检查励磁回路，使其保持良好的工作状态 5)检测或换好的电路板试一试，再修复坏板
8	送丝机转速高	送丝机励磁回路断线、接头或插头接触不良	检查导线、接头、插头及有关绕组
9	焊车不行走或行走不正常	1)未接通电源 2)熔丝熔断 3)电刷接触不良、电枢回路断线、接头松动 4)励磁回路断线，接头接触不良 5)控制行走电动机的晶闸管及其控制电路虚焊，元件损坏 6)离合器损坏或太脏	1)~5)处理方法同7 6)松开或连接离合器，观察电动机或焊车的运行，分辨是电动机还是离合器的问题，清洁、润滑、修理
10	按下起动按钮，送丝正常，但引不起弧	1)接触器未吸合 2)焊机空载电压低 3)焊接电流小 4)焊接电缆破损漏电，地线接触不良。焊接回路有接头严重接触不良	1)方法同6 2)、3)方法同2、3 4)检查焊接回路的电缆、各触头、接头(注意地线)，使其绝缘或接触良好 5)必要时，可用焊条电弧焊检查，但电流大，应小心
11	焊接过程中电流不稳，焊缝成形不良	1)焊接参数不合适 2)导电嘴孔径大或磨损严重，与焊丝接触不良	1)调整好焊接参数 2)注意加工合适孔径的导电嘴，清理导电嘴或调换

（续）

序号	故障现象	可能原因	处理方法
11	焊接过程中电流不稳,焊缝成形不良	3)送丝机或焊丝输送机构有故障,如送丝轮磨损严重,压紧轮压力不合适,太松或太紧 4)焊丝未理顺,阻力大 5)电源电路接头接触不良,电压波动大 6)焊接回路接触不良	3)将焊丝抽出,观察空载电压,送丝机转动是否正常,再将焊丝插入,按"向上"或"向下"按钮,观察其输送情况,分辨是机械还是电气方面的问题,做相应的处理 4)注意绕顺焊丝,不乱拉 5)检查电源电路 6)检查焊接回路
12	焊接过程中,有时突然中断	1)电源中风动开关抖动 2)控制电路(注意控制电缆是否断线,接头是否松脱)接触不良	1)风机固紧螺钉松动,检查紧固。检查挡风板、微动开关工作是否可靠 2)了解工作情况及参数变化,判断是电缆还是某方面电路问题,参考以上方法进行检查
13	起动后焊丝粘住焊件	1)焊丝与焊件接触太紧 2)焊接电压太低或焊接电流太小	1)保证接触可靠但不要太紧 2)调整电压电流至合适值
14	焊丝没有与焊件接触,焊间回路即带电	焊接小车与焊件之间绝缘不良或损坏	1)检查小车车轮绝缘情况 2)检查小车底部是否与焊件短路
15	焊接过程中机头或导电嘴位置不时改变	焊接小车部分零件间间隙过大或磨损严重	1)检修达到适当间隙 2)更换磨损件
16	导电嘴以下焊丝发红	1)导电嘴导电不良 2)焊丝伸出长度过长	1)更换导电嘴 2)调节焊丝伸出长度至合适值

（续）

序号	故障现象	可能原因	处理方法
17	导电嘴末端熔化	1）焊丝伸出太短 2）焊接电流太大或焊接电压太高 3）引弧时焊丝与焊件接触太紧	1）增大焊丝伸出长度 2）调节焊接电流或焊接电压 3）焊丝与焊件接触可靠但不要太紧
18	停止焊接后，焊丝与焊件粘在一起	停止按钮未分两步按动，而是一次按下	按照埋弧焊机使用说明按动停止按钮
19	焊丝在导电嘴中摆动	导电嘴磨损严重	更换导电嘴

2.5 焊接辅助设备

2.5.1 定位器

装焊时为使焊件达到确定位置的夹具称为定位器。定位器通常都很简单，且根据产品的不同，以自己制作为主。定位器有挡铁、定位销、V形块等。定位器形式如图2-14所示。

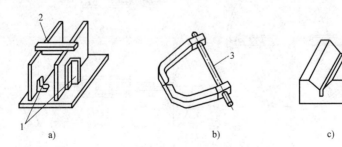

a) b) c)

图2-14 定位器形式

a）挡铁定位 b）定位销定位 c）V形块定位

1—角钢 2—矩形板 3—销轴

2.5.2 夹紧工具

夹紧工具用于装配时固定焊件的位置，不让其在焊接过程中发生移动。常用夹紧工具如图2-15所示。

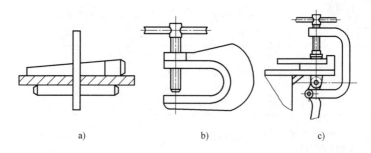

a)   b)   c)

图 2-15 夹紧工具

a）楔条夹紧 b）螺旋夹紧 c）杠杆-螺旋夹紧

2.5.3 拉紧和推撑夹具

拉紧和推撑夹具有千斤顶、拉紧器和推撑器三种，如图2-16所示。

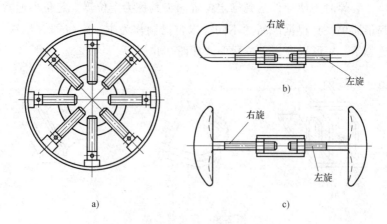

图 2-16 拉紧和推撑夹具

a）环形推撑器 b）钩形拉紧器 c）工形拉紧器

2.5.4 气动夹紧器

在批量或大量生产中还广泛使用气动夹紧器，而且形式众多，既可夹紧工件，又可用来控制和矫正焊件的变形。气动夹紧器如图2-17 所示。

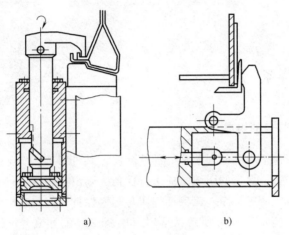

a)   b)

图 2-17 气动夹紧器

a）上下夹紧   b）左右夹紧

第3章

焊接材料

3.1 焊条

3.1.1 焊条的组成

焊条包括内部的焊芯和外部的药皮，其外形如图 3-1 所示。为了便于引弧，焊条的引弧端应进行倒角，露出焊芯金属；夹持端处的药皮也要清理干净，以保证焊钳与焊芯保持良好的接触。普通焊条断面形状如图 3-2a 所示；采用双层药皮（配方成分不同，见图

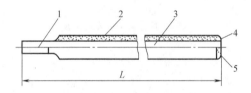

图 3-1　焊条的外形

1—夹持端　2—药皮　3—焊芯　4—引弧端　5—引弧剂

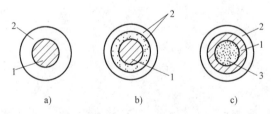

图 3-2　焊条断面形状

a) 普通断面　b) 双层药皮断面　c) 中心填充合金粉断面

1—焊芯　2—药皮　3—合金粉

3-2b）是为了改善焊接时的工艺性能；焊芯中填有合金粉（见图 3-2c）主要是为了使合金堆焊到待焊金属表面。

3.1.2 药皮

压涂在焊芯表面的涂料层称为药皮，它是由矿物粉末、合金粉、有机物和化工制品等原料按照一定的比例配置而成。其作用为：①在电弧周围造成一种还原性或中性气氛，防止空气中的氧、氮等进入熔敷金属；②保证电弧的集中和稳定，使熔滴金属顺利过渡；③生成的熔渣均匀覆盖在焊缝金属表面，可以使焊缝金属冷却速度降低，有利于已熔入液体金属中的气体逸出，减少生成气孔的可能性并改善焊缝的成形；④保证熔渣具有合适的熔点、黏度，使焊条能够在所要求的位置进行焊接；⑤通过熔渣与熔化金属的冶金反应，除去有害杂质，填加有益元素，使焊缝获得良好的力学性能；⑥通过调整药皮成分，可改变药皮的熔点和凝固温度，使焊条末端形成套筒，产生定向气流，适应各种焊接位置的需要。

制备焊条药皮的常用材料的作用见表 3-1。

表 3-1 常用材料在焊条药皮中的作用

材料名称	主要成分	稳定电弧	造渣	脱氧	氧化	气体保护	渗合金	增塑润滑	药皮粘接
大理石	$CaCO_3$	○	△		△	○			
萤石	CaF_2		○						
金红石	TiO_2	○	○						
二氧化钛	TiO_2	○	○					△	
钛铁矿	TiO_2、FeO	○	○		△				
长石	SiO_2、Al_2O_3、R_2O	○	○						
云母	SiO_2、Al_2O_3		○						
锰铁	Mn		△	○			○		
硅铁	Si		△	○			○		
钛铁	Ti		△	○					
金属铬	Cr						○		

（续）

材料名称	主要成分	稳定电弧	造渣	脱氧	氧化	气体保护	渗合金	增塑润滑	药皮粘接
镍粉	Ni						○		
木粉、淀粉	$(C_6H_{10}O_5)_n$			△		○		△	
钾水玻璃	$K_2O \cdot nSiO_2$	○	△						○
钠水玻璃	$Na_2O \cdot nSiO_2$	○	△						○

注：○代表主要的作用；△代表次要的作用。

药皮重量系数 K 是用来表示焊条药皮在焊条中所占的重量比例，如下式所示：

$$药皮重量系数\ K = \frac{药皮重量}{带药皮的这部分焊芯重量} \times 100\%$$

一般情况下，药皮重量系数 K 为 35%～55%。

3.1.3 焊芯

焊条中被药皮包裹的具有一定长度和直径的金属芯称为焊芯。焊芯的作用是导通电流维持电弧的燃烧，并作为填充材料与熔化的母材共同形成焊缝金属，焊芯金属占整个焊缝金属的 50%～70%。碳钢焊芯中各元素的作用见表 3-2。

表 3-2　碳钢焊芯中各元素的作用

组成元素	影响说明	质量分数
碳(C)	焊接过程中碳是一种良好的脱氧剂，在高温时与氧化合生成 CO 或 CO_2 气体，这些气体从熔池中逸出，在熔池周围形成气罩，可减小或防止空气中氧、氮与熔池的作用，所以碳能减少焊缝中氧和氮的含量。但碳含量过高时，由于还原作用剧烈，会增加飞溅和产生气孔的倾向，同时会明显地提高焊缝的强度、硬度，降低焊接接头的塑性，并增大接头产生裂纹的倾向	小于 0.10% 为宜
锰(Mn)	焊接过程中锰是很好的脱氧剂和合金剂。锰既能减少焊缝中氧的含量，又能与硫化合生成硫化锰(MnS)起脱硫作用，可以减小热裂纹的倾向。锰可作为合金元素渗入焊缝，提高焊缝的力学性能	0.30%～0.55%

（续）

组成元素	影响说明	质量分数
硅（Si）	硅也是脱氧剂，而且脱氧能力比锰强，与氧形成二氧化硅（SiO_2）。但它会增加熔渣的黏度，黏度过大会促使非金属夹杂物的生成。过多的硅还会降低焊缝金属的塑性和韧性	一般限制在 0.04% 以下
铬（Cr）和镍（Ni）	对碳钢焊芯来说，铬与镍都是杂质，是从炼钢原料中混入的。焊接过程中铬易氧化，形成难熔的氧化铬（Cr_2O_3），使焊缝产生夹渣。镍对焊接过程无影响，但对钢的韧性有比较明显的影响。一般低温冲击值要求较高时，可以适当掺入一些镍	铬的质量分数一般控制在 0.20% 以下，镍的质量分数控制在 0.30% 以下
硫（S）和磷（P）	硫、磷都是有害杂质，会降低焊缝金属的力学性能。硫与铁作用能生成硫化铁（FeS），它的熔点低于铁，因此使焊缝在高温状态下容易产生热裂纹。磷与铁作用能生成磷化铁（Fe_3P 和 Fe_2P），使熔化金属的流动性增大，在常温下变脆，所以焊缝容易产生冷脆现象	一般不大于 0.04%，在焊接重要结构时，要求硫与磷的质量分数不大于 0.03%

3.1.4 焊条的分类

1. 按用途分类

按用途可将焊条分为碳钢焊条、低合金钢焊条、不锈钢焊条、堆焊焊条、铸铁焊条、镍及镍合金焊条、铜及铜合金焊条、铝及铝合金焊条、低温钢焊条、结构钢焊条、钼及铬钼耐热钢焊条、特殊用途焊条。

2. 按熔渣分类

焊接过程中，焊条药皮熔化后经过一系列化学反应，形成覆盖于焊缝表面的物质，称为熔渣，根据其成分不同，可分为三类，见表3-3。

（1）酸性焊条 药皮中含有大量的氧化钛、氧化硅等酸性造渣物及一定数量的碳酸盐等，熔渣氧化性强，熔渣碱度系数小于1。

表 3-3 熔渣的分类

分类	说 明	示 例
盐型熔渣	它主要由金属的氟盐、氯盐组成。这类熔渣的氧化性很小,有利于焊接铝、钛和其他活性金属及其合金	如 $CaF_2\text{-}NaF$、$CaF_2BaCl_3\text{-}NaF$ 等
盐-氧化物型熔渣	它主要由氟化物和强金属氧化物组成。熔渣的氧化性也不大,用于焊接高合金钢及其合金	如 $CaF_2\text{-}CaO\text{-}Al_2O_3$、$CaF_2\text{-}CaO\text{-}Al_2O_3\text{-}SiO_2$ 等
氧化物型熔渣	它主要由各种金属氧化物组成,熔渣的氧化性较强,用于焊接低碳钢和低合金钢	如 $MnO\text{-}SiO_2$、$FeO\text{-}MnO\text{-}SiO_2$、$CaO\text{-}TiO_2\text{-}SiO_2$ 等

(2) 碱性焊条 药皮中含有大量的碱性造渣物(大理石、萤石等),并含有一定数量的脱氧剂和渗合金剂。碱性焊条主要靠碳酸盐分解出二氧化碳做保护气体,弧柱气氛中的氢分压较低,而且萤石中的氟化钙在高温时与氢结合成氟化氢,降低了焊缝中的含氢量,故碱性焊条又称为低氢型焊条。

酸性焊条与碱性焊条工艺性能比较见表 3-4。

表 3-4 酸性焊条与碱性焊条工艺性能比较

酸性焊条	碱性焊条
药皮组分氧化性强	药皮组分还原性强
对水、锈产生气孔的敏感性不大,焊条在使用前经 150~200℃烘干 1h,若不受潮,也可不烘干	对水、锈产生气孔的敏感性大,要求焊条使用前经(300~400)℃烘干(1~2)h
电弧稳定,可用交流或直流施焊	由于药皮中含有氟化物,恶化电弧稳定性,须用直流施焊,只有当药皮中加稳弧剂后,方可交直流两用
焊接电流较大	焊接电流较小,较同规格的酸性焊条小 10%左右
可长弧操作	须短弧操作,否则易引起气孔及增加飞溅
合金元素过渡效果差	合金元素过渡效果好

（续）

酸性焊条	碱性焊条
焊缝成形较好,除氧化铁型外,熔深较浅	焊缝成形尚好,容易堆高,熔深较深
熔渣结构呈玻璃状	熔渣结构呈岩石结晶状
脱渣较方便	坡口内第一层脱渣较困难,以后各层脱渣较容易
焊缝常温、低温冲击性能一般	焊缝常温、低温冲击性能较好
除氧化铁型外,抗裂性能较差	抗裂性能好
焊缝中含氢量高,易产生白点,影响塑性	焊缝中扩散氢含量低
焊接时烟尘少	焊接时烟尘多,且烟尘中含有害物质较多

3. 按药皮类型分类

焊条药皮由多种原料组成,可按照药皮的主要成分确定焊条的类型,见表3-5。

表 3-5　各种药皮焊条的主要特点

药皮类型	电源种类	主要特点
不属于已规定的类型	不规定	在某些焊条中采用氧化锆,金红石碱性型等,这些新渣系目前尚未形成系列
氧化钛型	直流或交流	含大量氧化钛,焊接工艺性能良好,电弧稳定,再引弧方便,飞溅很小,熔深较浅,熔渣覆盖性良好,脱渣容易,焊缝波纹特别美观,可全位置焊接,尤宜于薄板焊接,但焊缝塑性和抗裂性稍差。随药皮中钾、钠及铁粉等用量的变化,分为高钛钾型、高钛钠型及铁粉钛型等
钛钙型	直流或交流	药皮中含氧化钛30%以上,含钙、镁的碳酸盐20%以下,焊接工艺性能良好,熔渣流动性好,熔深一般,电弧稳定,焊缝美观,脱渣方便,适用于全位置焊接。如J422即属此类型,是目前碳钢焊条中使用最广泛的一种焊条
钛铁矿型	直流或交流	药皮中含钛铁矿≥30%,焊条熔化速度快,熔渣流动性好,熔深较深,脱渣容易,焊波整齐,电弧稳定,平焊,平角焊工艺性能较好,立焊稍差,焊缝有较好的抗裂性

（续）

药皮类型	电源种类	主 要 特 点
氧化铁型	直流或交流	药皮中含大量氧化铁和较多的锰铁脱氧剂,熔深大,熔化速度快,焊接生产率较高,电弧稳定,再引弧方便,立焊、仰焊较困难,飞溅稍大,焊缝抗热裂性能较好,适用于中厚板焊接。由于电弧吹力大,适于野外操作。若药皮中加入一定量的铁粉,则为铁粉氧化铁型
纤维素型	直流或交流	药皮中含 15% 以上的有机物,30% 左右的氧化钛,焊接工艺性能良好,电弧稳定,电弧吹力大,熔深大,熔渣少,脱渣容易。可做向下立焊,深熔焊或单面焊双面成形焊接。立焊、仰焊工艺性好,适用于薄板结构、油箱管道、车辆壳体等焊接。随药皮中稳弧剂、粘结剂含量变化,分为高纤维素钠型(采用直流反接)、高纤维素钾型两类
低氢钾型	直流或交流	药皮组分以碳酸盐和萤石为主。焊条使用前须经300~400℃烘焙。短弧操作,焊接工艺性一般,可全位置焊接。焊缝有良好的抗裂性和综合力学性能,适于焊接重要的焊接结构。按药皮中稳弧剂量,铁粉量和粘结剂不同,分为低氢钠性、低氢钾型和铁粉低氢型等
低氢钠型	直流	
石墨型	直流或交流	药皮中含有大量石墨,通常用于铸铁或堆焊焊条。采用低碳钢焊芯时,焊接工艺性能较差,飞溅较多,烟雾较大,熔渣少,适于平焊,采用有色金属焊芯时,能改善其工艺性能,但电流不宜过大
盐基型	直流	药皮中含大量氯化物和氟化物。主要用于铝及铝合金焊条。吸潮性强,焊前要烘干。药皮熔点低、熔化速度快。采用直流电源,焊接工艺性较差,短弧操作,熔渣有腐蚀性,焊后需用热水清洗

注：表中百分数均为质量分数。

3.1.5 焊条的型号和牌号

1. 焊条的型号

焊条型号是以国家标准为依据,反映焊条主要特性的一种表示方法。焊条型号包括焊条类别、焊条特点（如焊芯金属类型、使用温度、熔敷金属化学成分及抗拉强度等）、药皮类型及焊接电源。不同类型焊条的型号表示方法也不同。

（1）非合金钢及细晶粒钢焊条型号编制方法　焊条型号由五部分组成：

1）第一部分用字母"E"表示焊条。

2）第二部分为字母"E"后面的紧邻两位数字，表示熔敷金属的最小抗拉强度代号，见表3-6。

表3-6　熔敷金属的最小抗拉强度代号

抗拉强度代号	最小抗拉强度值/MPa
43	430
50	490
55	550
57	570

3）第三部分为字母"E"后面的第三和第四两位数字，表示药皮类型、焊接位置和电流类型，见表3-7。

表3-7　药皮类型、焊接位置和电流类型代号

代号	药皮类型	焊接位置①	电流类型
03	钛型	全位置②	交流和直流正、反接
10	纤维素	全位置	直流反接
11	纤维素	全位置	交流和直流反接
12	金红石	全位置②	交流和直流正接
13	金红石	全位置②	交流和直流正、反接
14	金红石+铁粉	全位置②	交流和直流正、反接
15	碱性	全位置②	直流反接
16	碱性	全位置②	交流和直流反接
18	碱性+铁粉	全位置②	交流和直流反接
19	钛铁矿	全位置②	交流和直流正、反接
20	氧化铁	PA、PB	交流和直流正接
24	金红石+铁粉	PA、PB	交流和直流正、反接

（续）

代号	药皮类型	焊接位置①	电流类型
27	氧化铁+铁粉	PA、PB	交流和直流正、反接
28	碱性+铁粉	PA、PB、PC	交流和直流反接
40	不做规定	由制造商确定	
45	碱性	全位置	直流反接
48	碱性	全位置	交流和直流反接

① 焊接位置见 GB/T 16672，其中 PA = 平焊、PB = 平角焊、PC = 横焊、PG = 向下立焊。

② 此处"全位置"并不一定包含向下立焊，由制造商确定。

4) 第四部分为熔敷金属的化学成分分类代号，可为"无标记"或短划"−"后的字母、数字或字母和数字的组合，见表3-8。

表 3-8 熔敷金属化学成分分类代号

分类代号	主要化学成分的名义含量（质量分数,%）				
	Mn	Ni	Cr	Mo	Cu
无标记、-1、-P1、-P2	1.0	—	—	—	—
-1M3	—	—	—	0.5	—
-3M2	1.5	—	—	0.4	—
-3M3	1.5	—	—	0.5	—
-N1	—	0.5	—	—	—
-N2	—	1.0	—	—	—
-N3	—	1.5	—	—	—
-3N3	1.5	1.5	—	—	—
-N5	—	2.5	—	—	—
-N7	—	3.5	—	—	—
-N13	—	6.5	—	—	—
-N2M3	—	1.0	—	0.5	—
-NC	—	0.5	—	—	0.4
-CC	—	—	0.5	—	0.4
-NCC	—	0.2	0.6	—	0.5
-NCC1	—	0.6	0.6	—	0.5
-NCC2	—	0.3	0.2	—	0.5
-G	其他成分				

5）第五部分为熔敷金属的化学成分代号之后的焊后状态代号，其中"无标记"表示焊态，"P"表示热处理状态，"AP"表示焊态和焊后热处理两种状态均可。

除以上强制性分类代号外，根据需要，可在型号后依次附加可选代号：①字母"U"表示在规定试验温度下，冲击吸收能量可达到 47J 以上；②扩散氢代号"HX"，其中"X"代表 15、10、5，分别表示每 100g 熔敷金属中扩散氢含量的最大值（单位为 mL），见表 3-9。

表 3-9 熔敷金属中扩散氢含量代号

扩散氢代号	扩散氢含量/（mL/100g）
H15	≤15
H10	≤10
H5	≤5

非合金钢及细晶粒钢焊条型号示例：

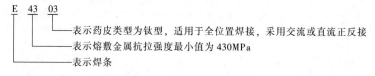

E 43 03
— 表示药皮类型为钛型，适用于全位置焊接，采用交流或直流正反接
— 表示熔敷金属抗拉强度最小值为 430MPa
— 表示焊条

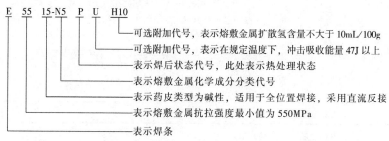

E 55 15-N5 P U H10
— 可选附加代号，表示熔敷金属扩散氢含量不大于 10mL/100g
— 可选附加代号，表示在规定温度下，冲击吸收能量 47J 以上
— 表示焊后状态代号，此处表示热处理状态
— 表示熔敷金属化学成分分类代号
— 表示药皮类型为碱性，适用于全位置焊接，采用直流反接
— 表示熔敷金属抗拉强度最小值为 550MPa
— 表示焊条

（2）热强钢焊条型号编制方法 焊条型号由四部分组成：

1）第一部分用字母"E"表示焊条。

2）第二部分为字母"E"后面的紧邻两位数字，表示熔敷金属的最小抗拉强度代号，见表 3-10。

表 3-10　熔敷金属的抗拉强度代号

抗拉强度代号	最小抗拉强度值/MPa
50	490
52	520
55	550
62	620

3）第三部分为字母"E"后面的第三和第四两位数字，表示药皮类型、焊接位置和电流类型，与表 3-7 中相同，但不包括代号 12、14、24、28、45、48。

4）第四部分为熔敷金属的化学成分分类代号，可为"无标记"或短划"-"后的字母、数字或字母和数字的组合，见表 3-11。

表 3-11　熔敷金属化学成分分类代号

分类代号	主要化学成分的名义含量
-1M3	此类焊条中含有 Mo，Mo 是在非合金钢焊条基础上的唯一添加合金元素。数字 1 约等于名义上 Mn 含量两倍的整数，字母"M"表示 Mo，数字 3 表示 Mo 的名义含量，大约 0.5%
-×C×M×	对于含铬-钼的热强钢，标识"C"前的整数表示 Cr 的名义含量，"M"前的整数表示 Mo 的名义含量。对于 Cr 或者 Mo，如果名义含量少于 1%，则字母前不标记数字，如果在 Cr 和 Mo 之外还加入了 W、V、B、Nb 等合金成分，则按照此顺序，加于铬和钼标记之后，标识末尾的"L"表示含碳量较低，最后一个字母后的数字表示成分有所改变
-G	其他成分

注：表中百分数均为质量分数。

除以上强制性分类代号外，根据需要，可在型号后依次附加可选代号：扩散氢代号"HX"，其中"X"代表 15、10、5，分别表示每 100g 熔敷金属中扩散氢含量的最大值（单位为 mL），见表 3-9。

热强钢焊条型号示例：

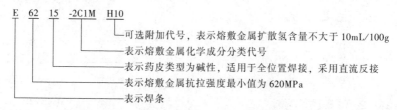

（3）不锈钢焊条型号编制方法 焊条型号由四部分组成：

1）第一部分用字母"E"表示焊条。

2）第二部分为字母"E"后面数字表示熔敷金属的化学成分分类，数字后面的"L"表示碳含量较低，"H"表示碳含量较高，如有其他特殊要求的化学成分，该化学成分用元素符号表示放在后面。

3）第三部分为短划"–"后的第一位数字，表示焊接位置，见表3-12。

表3-12 焊接位置代号

代号	焊接位置[1]
–1	PA、PB、PD、PF
–2	PA、PB
–4	PA、PB、PD、PF、PG

[1] 焊接位置见GB/T 16672，其中 PA＝平焊、PB＝平角焊、PD＝仰角焊、PF＝向上立焊、PG＝向下立焊。

4）第四部分为最后一位数字，表示药皮类型和电流类型，见表3-13。

表3-13 药皮类型和电流类型代号

代号	药皮类型	电流类型
5	碱性	直流
6	金红石	交流和直流[1]
7	钛酸型	交流和直流[2]

[1] 46型采用直流焊接。

[2] 47型采用直流焊接。

不锈钢焊条型号示例：

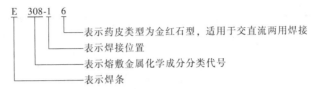

E 308-1 6

├── 表示药皮类型为金红石型，适用于交直流两用焊接
├── 表示焊接位置
├── 表示熔敷金属化学成分分类代号
└── 表示焊条

2. 焊条的牌号

焊条牌号通常以一个汉语拼音字母（或汉字）与三位数字表示。拼音字母（或汉字）表示焊条各大类，后面的三位数字中，前面两位数字表示各大类中的若干小类，第三位数字表示各种焊条牌号的药皮类型及焊接电源。

焊条牌号中第三位数字含义见表 3-14，其中盐基型主要用于有色金属焊条，石墨型主要用于铸铁焊条和个别堆焊焊条。数字后面的字母符号表示焊条的特殊性能和用途，见表 3-15，对于任一给定的焊条，只要从表中查出字母所表示的含义，就可以掌握这种焊条的主要特征。

表 3-14　焊条牌号中第三位数字的含义

焊条牌号	药皮类型	焊接电源种类	焊条牌号	药皮类型	焊接电源种类
□××0	不属于已规定的类型	不规定	□××5	纤维素型	直流或交流
□××1	氧化钛型	直流或交流	□××6	低氢钾型	直流或交流
□××2	钛钙型	直流或交流	□××7	低氢钠型	直流
□××3	钛铁矿型	直流或交流	□××8	石墨型	直流或交流
□××4	氧化铁型	直流或交流	□××9	盐基型	直流

注：□表示焊条牌号中的拼音字母或汉字，××表示牌号中的前两位数字。

（1）结构钢（含低合金高强钢）焊条牌号编制方法

1）牌号最前面用字母"J"表示结构钢焊条。

2）牌号前两位数字表示焊缝金属抗拉强度等级，见表 3-16。

3）牌号第三位数字表示药皮类型和焊接电源种类。

表 3-15 牌号后面加注字母符号的含义

字母符号	表示的意义	字母符号	表示的意义
D	底层焊条	RH	高韧性超低氢焊条
DF	低尘焊条	LMA	低吸潮焊条
Fe	高效铁粉焊条	SL	渗铝钢焊条
Fe15	高效铁粉焊条,焊条名义熔敷效率150%	X	向下立焊用焊条
		XG	管子用向下立焊条
G	高韧性焊条	Z	重力焊条
GM	盖面焊条	Z16	重力焊条,焊条名义熔敷效率160%
R	压力容器用焊条		
GR	高韧性压力容器用焊条	CuP	含 Cu 和 P 的耐大气腐蚀焊条
H	超低氢焊条	CrNi	含 Cr 和 Ni 的耐海水腐蚀焊条

表 3-16 焊缝金属抗拉强度等级

焊条牌号	熔敷金属抗拉强度/MPa (kgf · mm^{-2})	熔敷金属屈服强度/MPa (kgf · mm^{-2})	焊条牌号	熔敷金属抗拉强度/MPa (kgf · mm^{-2})	熔敷金属屈服强度/MPa (kgf · mm^{-2})
J42×	≥412(42)	≥430(34)	J75×	≥740(75)	≥640(65)
J50×	≥490(50)	≥410(42)	J80×	≥780(80)	—
J55×	≥540(55)	≥440(45)	J85×	≥780(85)	≥740(75)
J60×	≥590(60)	≥530(54)	J10×	≥980(100)	
J70×	≥690(70)	≥590(60)			

4）药皮中铁粉含量约为 30%（质量分数）或熔敷金属效率 105%（质量分数）以上，在牌号末尾加注"Fe"，当熔敷效率不小于 130% 时，在"Fe"后再加注两位数字（以效率的 10% 表示）。

5）有特殊性能和用途的，则在牌号后面加注起主要作用的元素或主要用途的拼音字母（一般不超过两个）。

结构钢焊条牌号示例：

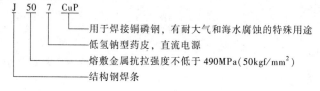

J 50 7 CuP

— 用于焊接铜磷钢，有耐大气和海水腐蚀的特殊用途

— 低氢钠型药皮，直流电源

— 熔敷金属抗拉强度不低于 490MPa（50kgf/mm^2）

— 结构钢焊条

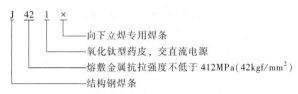

向下立焊专用焊条
氧化钛型药皮，交直流电源
熔敷金属抗拉强度不低于 412MPa（42kgf/mm²）
结构钢焊条

（2）不锈钢焊条牌号编制方法

1）牌号最前面用字母"G"或"A"分别表示铬不锈钢焊条或奥氏体铬镍不锈钢焊条。

2）牌号第一位数字表示熔敷金属主要化学成分组成等级，见表 3-17。

表 3-17　不锈钢焊条熔敷金属主要化学成分组成等级

焊条牌号	熔敷金属主要化学成分组成等级
G2××	含 Cr 量约为 13%
G3××	含 Cr 量约为 17%
A0××	含 C 量≤0.04%（超低碳）
A1××	含 Cr 量约为 19%，含 Ni 量约为 10%
A2××	含 Cr 量约为 18%，含 Ni 量约为 12%
A3××	含 Cr 量约为 23%，含 Ni 量约为 13%
A4××	含 Cr 量约为 26%，含 Ni 量约为 21%
A5××	含 Cr 量约为 16%，含 Ni 量约为 25%
A6××	含 Cr 量约为 16%，含 Ni 量约为 35%
A7××	铬锰氮不锈钢
A8××	含 Cr 量约为 18%，含 Ni 量约为 18%
A9××	待发展

注：表中百分数均为质量分数。

3）牌号第二位数字表示同一熔敷金属主要化学成分组成等级中的不同牌号，对于同一组成等级的焊条，可有十个牌号 0、1、2、3、4、5、6、7、8、9 顺序编排，以区别镍铬之外的其他成分。

4）牌号第三位数字表示药皮类型和焊接电源种类。

不锈钢焊条牌号示例：

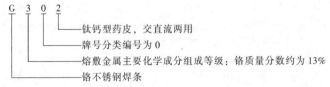

G 3 0 2
钛钙型药皮，交直流两用
牌号分类编号为 0
熔敷金属主要化学成分组成等级：铬质量分数约为 13%
铬不锈钢焊条

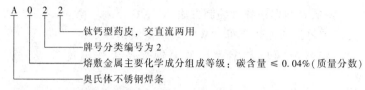

A 0 2 2
——钛钙型药皮，交直流两用
——牌号分类编号为2
——熔敷金属主要化学成分组成等级：碳含量 ≤ 0.04%（质量分数）
——奥氏体不锈钢焊条

（3）钼和铬钼耐热钢焊条牌号编制方法

1）牌号最前面用字母"R"表示钼和铬钼耐热钢焊条。

2）牌号第一位数字表示熔敷金属主要化学成分组成等级，见表 3-18。

表 3-18　耐热钢焊条熔敷金属主要化学成分组成等级

焊条牌号	熔敷金属主要化学成分组成等级
R1××	Mo 含量 = 0.5%
R2××	Cr 含量 = 0.5%，Mo 含量 = 0.5%
R3××	Cr 含量 = 1% ~ 2%，Mo 含量 = 0.5% ~ 1%
R4××	Cr 含量 = 2.5%，Mo 含量 = 1%
R5××	Cr 含量 = 5%，Mo 含量 = 0.5%
R6××	Cr 含量 = 7%，Mo 含量 = 1%
R7××	Cr 含量 = 9%，Mo 含量 = 1%
R8××	Cr 含量 = 11%，Mo 含量 = 1%

注：表中百分数均为质量分数。

3）牌号第二位数字表示同一熔敷金属主要化学成分组成等级中的不同牌号，对于同一组成等级的焊条，可有十个牌号0、1、2、3、4、5、6、7、8、9顺序编排，以区别铬钼之外的其他成分。

4）牌号第三位数字表示药皮类型和焊接电源种类。

钼和铬钼耐热钢焊条牌号示例：

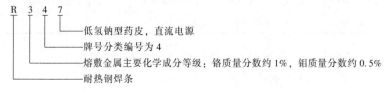

R 3 4 7
——低氢钠型药皮，直流电源
——牌号分类编号为4
——熔敷金属主要化学成分等级：铬质量分数约1%，钼质量分数约0.5%
——耐热钢焊条

（4）低温钢焊条牌号编制方法

1）牌号最前面用字母"W"表示低温钢焊条。

2）牌号前两位数字表示低温钢焊条工作温度等级，见表3-19。

表 3-19　低温钢焊条工作温度等级

焊条牌号	工作温度等级/℃	焊条牌号	工作温度等级/℃
W60×	-60	W10×	-100
W70×	-70	W19×	-196
W80×	-80	W25×	-253
W90×	-90		

3）牌号第三位数字表示药皮类型和焊接电源种类。

低温钢焊条牌号示例：

```
W  70  7
            └──低氢钢型药皮，直流电源
        └──工作温度等级为-70℃
└──低温钢焊条
```

（5）堆焊焊条牌号编制方法

1）牌号最前面用字母"D"表示低温钢焊条。

2）牌号的前两位数字表示堆焊焊条的用途或熔敷金属的主要成分类型等，见表3-20。

表 3-20　堆焊焊条的用途或主要成分类型

焊条牌号	主要用途或主要成分类型	焊条牌号	主要用途或主要成分类型
D00×-09×	不规定	D60×-69×	合金铸铁堆焊焊条
D10×-24×	不同硬度的常温堆焊焊条	D70×-79×	碳化钨堆焊焊条
D25×-29×	常温高锰钢堆焊焊条	D80×-89×	钴基合金堆焊焊条
D30×-49×	刀具工具用堆焊焊条	D90×-99×	待发展的堆焊焊条
D50×-59×	阀门堆焊焊条		

3）牌号第三位数字表示药皮类型和焊接电源种类。

堆焊焊条牌号示例：

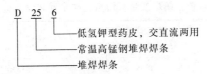

D 25 6
└── 低氢钾型药皮，交直流两用
└── 常温高锰钢堆焊焊条
└── 堆焊焊条

（6）铸铁焊条牌号编制方法

1）牌号最前面用字母 "Z" 表示铸铁焊条。

2）牌号第一位数字表示熔敷金属主要化学成分组成类型，见表 3-21。

表 3-21　铸铁焊条牌号熔敷金属主要化学成分组成类型

焊条牌号	熔敷金属主要 化学成分组成类型	焊条牌号	熔敷金属主要 化学成分组成类型
Z1××	碳钢或高钒钢	Z5××	镍铜合金
Z2××	铸铁（包括球墨铸铁）	Z6××	铜铁合金
Z3××	纯镍	Z7××	待发展
Z4××	镍铁合金		

3）牌号第二位数字表示同一熔敷金属主要化学成分组成等级中的不同牌号，对于同一组成类型的焊条，可有十个牌号 0、1、2、3、4、5、6、7、8、9 顺序排列。

4）牌号第三位数字表示药皮类型和焊接电源种类。

铸铁焊条牌号示例：

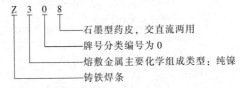

Z 3 0 8
└── 石墨型药皮，交直流两用
└── 牌号分类编号为 0
└── 熔敷金属主要化学组成类型：纯镍
└── 铸铁焊条

（7）有色金属焊条牌号编制方法

1）牌号前加 "Ni" "T" "L"，分别表示镍及镍合金焊条、铜及铜合金焊条、铝及铝合金焊条。

2）牌号第一位数字表示熔敷金属主要化学成分组成类型，见表 3-22。

表3-22 有色金属焊条牌号熔敷金属主要化学成分组成类型

焊条牌号		熔敷金属化学成分组成类型	焊条牌号		熔敷金属化学成分组成类型
镍及镍合金焊条	Ni1××	纯镍	铜及铜合金焊条	T3××	白铜合金
	Ni2××	镍铜合金		T4××	待发展
	Ni3××	因康镍合金	铝及铝合金焊条	L1××	纯铝
	Ni4××	待发展		L2××	铝硅合金
铜及铜合金焊条	T1××	纯铜		L3××	铝锰合金
	T2××	青铜合金		L4××	待发展

3）牌号第二位数字表示同一熔敷金属主要化学成分组成等级中的不同牌号，对于同一成分组成类型的焊条，可有十个牌号0、1、2、3、4、5、6、7、8、9顺序排列。

4）牌号第三位数字表示药皮类型和焊接电源种类。

有色金属焊条牌号示例：

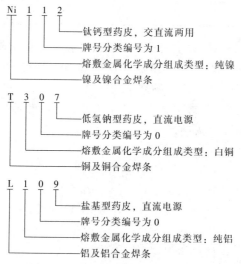

(8) 特殊用途焊条牌号编制方法

1）牌号前面加"TS"表示特殊用途焊条。

2）牌号第一位数字表示焊条的用途，第一位数字的含义见表3-23。

表 3-23 特殊用途焊条牌号第一位数字的含义

焊条牌号	熔敷金属主要成分及焊条用途	焊条牌号	熔敷金属主要成分及焊条用途
TS2××	水下焊接用	TS5××	电渣焊用管状焊条
TS3××	水下切割用	TS6××	铁锰铝焊条
TS4××	铸铁件补焊前开坡口用	TS7××	高硫堆焊焊条

3）牌号第二位数字表示同一熔敷金属主要化学成分组成等级中的不同牌号，对于同一成分组成类型的焊条，可有十个牌号 0、1、2、3、4、5、6、7、8、9 顺序排列。

4）牌号第三位数字表示药皮类型和焊接电源种类。

特殊用途焊条牌号示例：

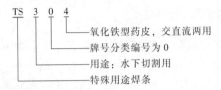

TS 3 0 4
—— 氧化铁型药皮，交直流两用
—— 牌号分类编号为 0
—— 用途：水下切割用
—— 特殊用途焊条

3. 焊条的型号与牌号对照

国家标准将焊条用型号表示，并划分为若干类。原国家机械委则在《焊接材料产品样本》中，将焊条牌号按用途划分为十大类，这两种分类对照关系见表 3-24。

表 3-24 焊条型号与牌号的对照关系

型号			牌号			
国家标准	名称	代号	类型	名称	字母	汉字
GB/T 5117—2012	非合金钢及细晶粒钢焊条	E	一	结构钢焊条	J	结
GB/T 5118—2012	热强钢焊条	E	一	结构钢焊条	J	结
			二	钼和铬钼耐热钢焊条	R	热
			三	低温钢焊条	W	温
GB/T 983—2012	不锈钢焊条	E	四	不锈钢焊条	G	铬
					A	奥

（续）

型号				牌号			
国家标准	名称	代号	类型	名称	代号		
					字母	汉字	
GB/T 984—2001	堆焊焊条	ED	五	堆焊焊条	D	堆	
GB/T 10044—2006	铸铁焊条及焊丝	EZ	六	铸铁焊条	Z	铸	
GB/T 13814—2008	镍及镍合金焊条	E	七	镍及镍合金焊条	Ni	镍	
GB/T 3670—1995	铜及铜合金焊条	E	八	铜及铜合金焊条	T	铜	
GB/T 3669—2001	铝及铝合金焊条	T	九	铝及铝合金焊条	L	铝	
—	—	—	十	特殊用途焊条	TS	特	

3.1.6 焊条的选用

必须在确保焊接结构安全可靠的前提下，根据被焊材料的化学成分、力学性能、尺寸及接头形式等条件，结合焊接施工条件和技术经济效益，有针对性地选用焊条，确保不产生裂纹、气孔、夹渣等缺欠，保证焊接产品的质量。

（1）等强度原则　选用抗拉强度与母材相等的焊条。

（2）等条件原则　根据工件或焊接结构的工作条件和特点选择焊条，在高温、低温、耐磨或其他特殊条件下工作的焊件，应选用相应的耐热钢、低温钢、堆焊或其他特殊用途焊条。

（3）等同性原则　选用保证熔敷金属性能与母材相近或稍高于母材的焊条，在焊接结构刚度大、接头应力高、焊缝易产生裂纹的不利情况下，应考虑选用比母材强度稍低的焊条。

（4）成分选择原则　当母材化学成分中碳或硫、磷等有害杂质含量较高时，应选择抗裂性和抗气孔性能力较强的焊条。

（5）结构选择原则　考虑焊接特点及受力条件选择焊条：①对结构形状复杂、刚度大的厚大焊件，由于焊接过程中产生很大的内应力，易使焊缝产生裂纹，应选用抗裂性能好的碱性低氢焊条；②对受力不大、焊接部位难以清理干净的焊件，应选用对铁锈、氧化皮、油污不敏感的酸性焊条，以免产生气孔等缺陷；③对受条件限制不能翻转的焊件，应选用适于全位置焊接的焊条。

（6）低成本原则　选用成本低的焊条：①对焊接工作量大的结构，有条件时应尽量采用高效率焊条，如铁粉焊条、高效率重力焊条等，或选用底层焊条、立向下焊条之类的专用焊条，以提高焊接生产率；②在保证使用性能的前提下，选用钛铁矿型等价格低廉的焊条；③对性能有不同要求的主次焊缝，选用不同类型的焊条。

（7）条件允许原则　考虑在现有的施焊工作条件下完成焊接工作：①在满足产品使用性能要求的情况下，选用工艺性好的酸性焊条；②在密闭容器内或通风不良场所焊接时，选用低尘低毒条或酸性焊条；③没有直流焊机的地方选用交直流两用焊条。

3.2　焊丝

3.2.1　焊丝的分类

焊丝的分类如图 3-3 所示。

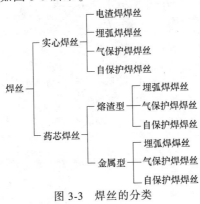

图 3-3　焊丝的分类

3.2.2　焊丝的型号和牌号

1. 实心焊丝的型号

（1）熔化极气体保护电弧焊非合金钢及细晶粒钢实心焊丝　GB/T 8810—2020 对熔化极气体保护电弧焊非合金钢及细晶粒

钢实心焊丝的型号做了详细规定，包括五部分：

1) 第一部分用字母 "G" 表示熔化极气体保护电弧焊用实心焊丝。

2) 第二部分表示在焊态、焊后热处理条件下熔敷金属的抗拉强度代号，抗拉强度代号按 GB/T 8810 的规定。

3) 第三部分表示冲击吸收能量（KV_2）不小于 27J 时的实验温度代号，实验温度代号按 GB/T 8810 的规定。

4) 第四部分表示保护气体类型代号，保护气体类型代号按 GB/T 39255 的规定。

5) 第五部分表示焊丝化学成分分类，化学成分分类按 GB/T 8810 的规定。

除以上强制代号外，可在型号中附加可选代号：字母 "U"，附加在第三部分之后，表示在规定的试验温度下，冲击吸收能量（KV_2）应不小于 47J；无镀铜代号 "N"，附加在第五部分之后，表示无镀铜焊丝。

示例 1：

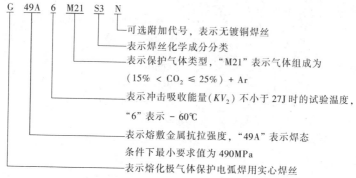

示例 2：

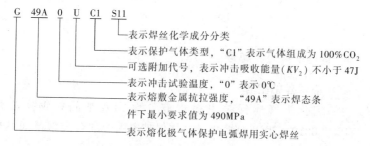

示例3：

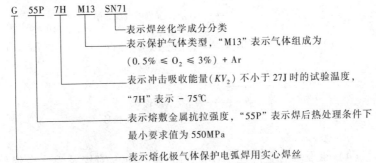

G 55P 7H M13 SN71

└─ 表示焊丝化学成分分类
└─ 表示保护气体类型，"M13"表示气体组成为
$(0.5\% \leqslant O_2 \leqslant 3\%) + Ar$
└─ 表示冲击吸收能量(KV_2)不小于27J时的试验温度，
"7H"表示 -75℃
└─ 表示熔敷金属抗拉强度，"55P"表示焊后热处理条件下
最小要求值为550MPa
└─ 表示熔化极气体保护电弧焊用实心焊丝

（2）铸铁焊丝　GB/T 10044—2006对铸铁焊丝型号进行了详细规定，包括三部分：

1）第一部分用字母"R"或"ER"表示填充丝或气体保护焊焊丝。

2）第二部分用字母"Z"表示用于铸铁焊接。

3）第三部分是焊丝主要化学元素符号或金属类型代号。

铸铁焊丝型号示例：

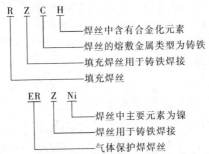

R Z C H

└─ 焊丝中含有合金化元素
└─ 焊丝的熔敷金属类型为铸铁
└─ 填充焊丝用于铸铁焊接
└─ 填充焊丝

ER Z Ni

└─ 焊丝中主要元素为镍
└─ 焊丝用于铸铁焊接
└─ 气体保护焊丝

（3）不锈钢焊丝和焊带　GB/T 29713—2013对不锈钢焊丝和焊带的型号进行了详细规定，包括两部分：

1）第一部分用字母"S"表示焊丝，"B"表示焊带。

2）第二部分为字母"S"或"B"后面的数字或数字与字母的组合，表示化学成分分类，其中"L"表示碳含量较低，"H"表示碳含量较高，如果有其他特殊要求的化学成分应该用元素符号表示放在后面。

不锈钢焊丝和焊带型号示例：

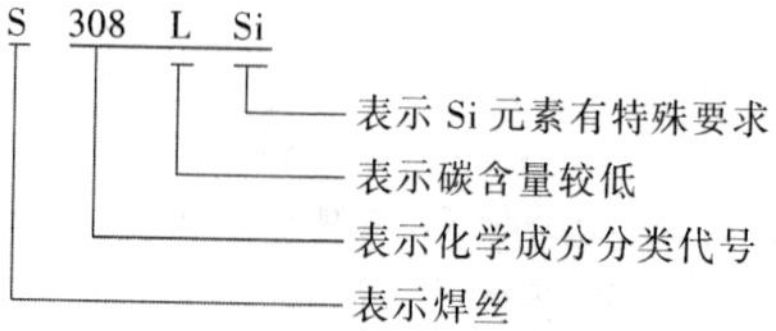
S 308 L Si
表示Si元素有特殊要求
表示碳含量较低
表示化学成分分类代号
表示焊丝

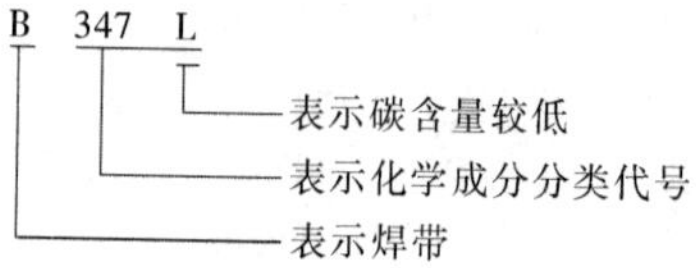
B 347 L
表示碳含量较低
表示化学成分分类代号
表示焊带

（4）镍及镍合金焊丝　GB/T 15620—2008 对镍及镍合金焊丝型号进行了详细规定，包括三部分：

1）第一部分用字母“SNi”表示镍及镍合金焊丝。

2）第二部分用四位数字表示焊丝型号。

3）第三部分为可选部分，表示化学成分。

镍及镍合金焊丝型号示例：

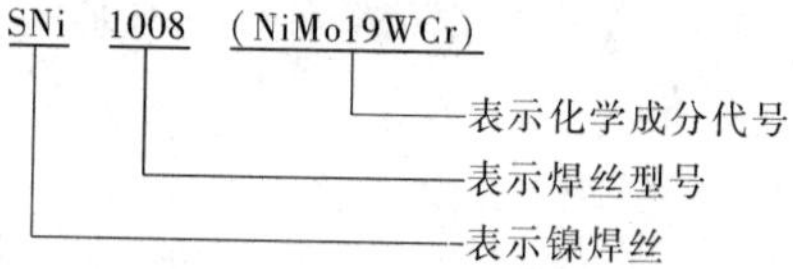
SNi 1008 (NiMo19WCr)
表示化学成分代号
表示焊丝型号
表示镍焊丝

（5）铝及铝合金焊丝　GB/T 10858—2008 对铝及铝合金焊丝的型号进行了详细规定，包括三部分：

1）第一部分用字母“SAl”表示铝及铝合金焊丝。

2）第二部分用四位数字表示焊丝型号。

3）第三部分为可选部分，表示化学成分。

铝及铝合金焊丝型号示例：

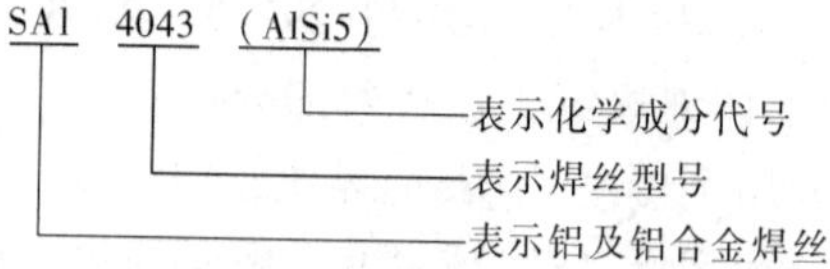
SAl 4043 (AlSi5)
表示化学成分代号
表示焊丝型号
表示铝及铝合金焊丝

（6）铜及铜合金焊丝　GB/T 9460—2008 对铜及铜合金焊丝的型号进行了详细规定，包括三部分：

1）第一部分用字母“SCu”表示铜及铜合金焊丝。

2）第二部分用四位数字表示焊丝型号。

3）第三部分为可选部分，表示化学成分。

铜及铜合金焊丝型号示例：

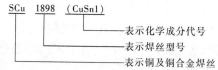

（7）钛及钛合金焊丝 GB/T 30562—2014 对钛及钛合金焊丝的型号进行了详细规定，包括三部分：

1）第一部分用字母"STi"表示钛及钛合金焊丝。

2）第二部分用四位数字表示焊丝型号。

3）第三部分为可选部分，表示化学成分。

钛及钛合金焊丝型号示例：

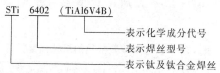

2. 药芯焊丝的型号

（1）非合金钢及细晶粒钢药芯焊丝 GB/T 10045—2018 对非合金钢及细晶粒钢药芯焊丝的型号进行了详细规定，其型号是根据其熔敷金属力学性能、使用特性、焊接位置、保护气体类型和熔敷金属化学成分进行编制的，包括八部分：

1）第一部分用字母"T"表示药芯焊丝。

2）第二部分是字母"T"后面的两位数字，表示熔敷金属的抗拉强度代号（见表3-25），或者表示用于单道焊时焊态条件下焊接接头的抗拉强度代号（见表3-26）。

3）第三部分是第三位数字，表示冲击吸收能量（KV_2）不低于27J时的试验温度代号（见表3-27），仅适用于单道焊的焊丝无此代号。

4）第四部分是第三位数字后面的字母及数字组合，表示使用特性代号（见表3-28）。

5）第五部分是短划线"-"及数字组合，表示焊接位置代号，其中"0"表示仅适用于平焊和平角焊，"1"表示全位置焊。

6）第六部分是焊接位置代号后面的字母和数字组合，表示保护气体类型代号，其中自保护的代号为"N"，仅适用于单道焊的焊丝在该代号后加"S"。

7）第七部分是保护气体类型代号后面的字母，表示焊后状态代号，其中"A"表示焊态，"P"表示焊后热处理状态，"AP"表示焊态和焊后热处理状态均可。

8）第八部分在焊后状态代号后面，表示熔敷金属化学成分分类代号。

除上述八部分强制代号外，可在其后依次附加可选代号。其中字母"U"表示在规定的试验温度下，冲击吸收能量（KV_2）不小于47J。再后面可附加扩散氢代号"HX"，其中"X"为15、10或5，分别表示每100g熔敷金属中扩散氢含量的最大值为15mL、10mL或5mL。

表3-25　多道焊熔敷金属的抗拉强度代号

抗拉强度代号	抗拉强度 R_m/MPa	屈服强度[①] R_{eL}/MPa	断后伸长率 A(%)
43	430~600	≥330	≥20
49	490~670	≥390	≥18
55	550~740	≥460	≥17
57	570~770	≥490	≥17

① 当屈服发生不明显时，应测定规定塑性延伸强度 $R_{p0.2}$。

表3-26　单道焊时焊态条件下焊接接头的抗拉强度代号

抗拉强度代号	抗拉强度 R_m/MPa
43	≥430
49	≥490
55	≥550
57	≥570

表3-27　表示冲击吸收能量（KV_2）不低于27J时的试验温度代号

代号	Z	Y	0	2	3	4	5	6	7	8	9	10
冲击吸收能量（KV_2）不低于27J时的试验温度/℃	不要求冲击试验	+20	0	-20	-30	-40	-50	-60	-70	-80	-90	-100

表 3-28 使用特性代号

使用特性代号	保护气体	电流类型	熔滴过渡形式	药芯类型	焊接位置	特性	焊接类型
T1	要求	直流反接	喷射过渡	金红石	0或1	飞溅少，平或微凸焊道，熔敷速度高	单道焊和多道焊
T2	要求	直流反接	喷射过渡	金红石	0	与T1相似，高锰和/或高硅提高性能	单道焊
T3	不要求	直流反接	粗滴过渡	不规定	0	焊接速度极高	单道焊
T4	不要求	直流反接	粗滴过渡	碱性	0	熔敷速度极高，优异的抗热裂性能，熔深小	单道焊和多道焊
T5	要求	直流正接①	粗滴过渡	氧化钙-氟化物	0或1	微凸焊道，不能完全覆盖焊道的焊渣，与T1相比冲击韧性好，有较好的抗冷裂和抗热裂性能	单道焊和多道焊
T6	不要求	直流反接	喷射过渡	不规定	0	冲击韧性好，焊缝根部熔透性好，深坡口中的优异的脱渣性能	单道焊和多道焊
T7	不要求	直流正接	细熔滴到喷射过渡	不规定	0或1	熔敷速度高，优异的抗热裂性能	单道焊和多道焊
T8	不要求	直流正接	细熔滴或喷射过渡	不规定	0或1	良好的低温冲击韧性	单道焊和多道焊
T10	不要求	直流正接	细熔滴过渡	不规定	0	任何厚度上具有高熔敷速度	单道焊
T11	不要求	直流正接	喷射过渡	不规定	0或1	一些焊丝设计仅用于薄板焊接，制造商要给出板厚限制	单道焊和多道焊
T12	要求	直流反接	喷射过渡	金红石	0或1	与T1相似，提高冲击韧性和低锰要求	单道焊和多道焊
T13	不要求	直流正接	短路过渡	不规定	0或1	用于有根部间隙焊道的焊接	单道焊
T14	不要求	直流正接	喷射过渡	不规定	0或1	涂层，镀层薄板上进行高速焊接	单道焊
T15	要求	直流反接	微细熔滴喷射过渡	金属粉型	0或1	药芯含有合金和铁粉，熔渣覆盖率低	单道焊和多道焊
TG						供需双方协定	

① 在直流反接下使用，可改善不利位置的焊接性，由制造商推荐电流类型。

非合金钢及细晶粒钢药芯焊丝型号示例：

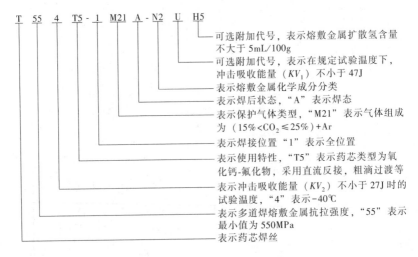

T 55 4 T5 - 1 M21 A - N2 U H5
- 可选附加代号，表示熔敷金属扩散氢含量不大于 5mL/100g
- 可选附加代号，表示在规定试验温度下，冲击吸收能量（KV_1）不小于 47J
- 表示熔敷金属化学成分分类
- 表示焊后状态，"A" 表示焊态
- 表示保护气体类型，"M21" 表示气体组成为（15%<CO_2≤25%）+Ar
- 表示焊接位置 "1" 表示全位置
- 表示使用特性，"T5" 表示药芯类型为氧化钙-氟化物，采用直流反接，粗滴过渡等
- 表示冲击吸收能量（KV_2）不小于 27J 时的试验温度，"4" 表示−40℃
- 表示多道焊熔敷金属抗拉强度，"55" 表示最小值为 550MPa
- 表示药芯焊丝

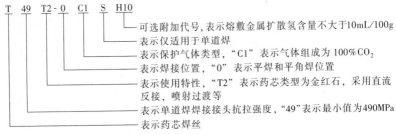

T 49 T2 - 0 C1 S H10
- 可选附加代号，表示熔敷金属扩散氢含量不大于 10mL/100g
- 表示仅适用于单道焊
- 表示保护气体类型，"C1" 表示气体组成为 100%CO_2
- 表示焊接位置，"0" 表示平焊和平角焊位置
- 表示使用特性，"T2" 表示药芯类型为金红石，采用直流反接，喷射过渡等
- 表示单道焊焊接接头抗拉强度，"49" 表示最小值为 490MPa
- 表示药芯焊丝

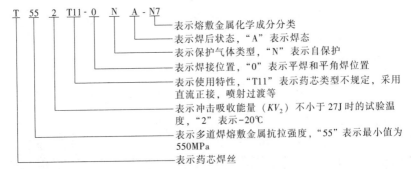

T 55 2 T11 - 0 N A - N7
- 表示熔敷金属化学成分分类
- 表示焊后状态，"A" 表示焊态
- 表示保护气体类型，"N" 表示自保护
- 表示焊接位置，"0" 表示平焊和平角焊位置
- 表示使用特性，"T11" 表示药芯类型不规定，采用直流正接，喷射过渡等
- 表示冲击吸收能量（KV_2）不小于 27J 时的试验温度，"2" 表示−20℃
- 表示多道焊熔敷金属抗拉强度，"55" 表示最小值为 550MPa
- 表示药芯焊丝

（2）热强钢药芯焊丝 GB/T 17493—2018 对热强钢药芯焊丝的型号表示方法进行了详细规定，其要求与非合金钢及细晶粒钢药芯焊丝基本相同，只是附加可选代号没有字母 "U"，只有扩散氢

代号"HX"。

热强钢药芯焊丝型号示例：

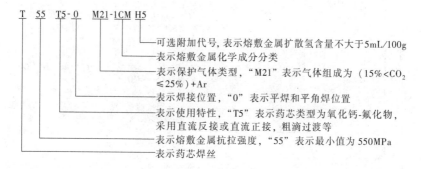

T 55 T5-0 M21-1CM H5

— 可选附加代号，表示熔敷金属扩散氢含量不大于5mL/100g
— 表示熔敷金属化学成分分类
— 表示保护气体类型，"M21"表示气体组成为（15%<CO_2 ≤25%）+Ar
— 表示焊接位置，"0"表示平焊和平角焊位置
— 表示使用特性，"T5"表示药芯类型为氧化钙-氟化物，采用直流反接或直流正接，粗滴过渡等
— 表示熔敷金属抗拉强度，"55"表示最小值为550MPa
— 表示药芯焊丝

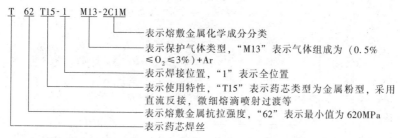

T 62 T15-1 M13-2C1M

— 表示熔敷金属化学成分分类
— 表示保护气体类型，"M13"表示气体组成为（0.5% ≤O_2≤3%）+Ar
— 表示焊接位置，"1"表示全位置
— 表示使用特性，"T15"表示药芯类型为金属粉型，采用直流反接，微细熔滴喷射过渡等
— 表示熔敷金属抗拉强度，"62"表示最小值为620MPa
— 表示药芯焊丝

（3）高强钢药芯焊丝　GB/T 36233—2018对高强钢药芯焊丝的型号表示方法进行了详细规定，其要求与非合金钢及细晶粒钢药芯焊丝基本相同。

高强钢药芯焊丝型号示例：

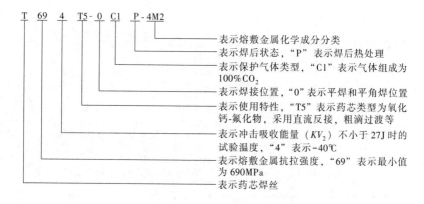

T 69 4 T5-0 C1 P-4M2

— 表示熔敷金属化学成分分类
— 表示焊后状态，"P"表示焊后热处理
— 表示保护气体类型，"C1"表示气体组成为100%CO_2
— 表示焊接位置，"0"表示平焊和平角焊位置
— 表示使用特性，"T5"表示药芯类型为氧化钙-氟化物，采用直流反接，粗滴过渡等
— 表示冲击吸收能量（KV_2）不小于27J时的试验温度，"4"表示-40℃
— 表示熔敷金属抗拉强度，"69"表示最小值为690MPa
— 表示药芯焊丝

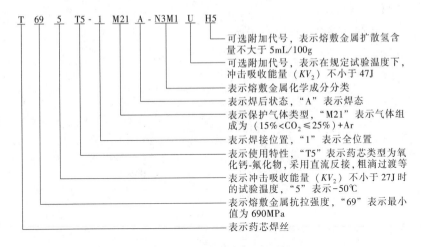

T 69 5 T5-1 M21 A-N3M1 U H5

可选附加代号，表示熔敷金属扩散氢含量不大于 5mL/100g

可选附加代号，表示在规定试验温度下，冲击吸收能量（KV_2）不小于 47J

表示熔敷金属化学成分分类

表示焊后状态，"A"表示焊态

表示保护气体类型，"M21"表示气体组成为（15%<CO_2≤25%）+Ar

表示焊接位置，"1"表示全位置

表示使用特性，"T5"表示药芯类型为氧化钙-氟化物，采用直流反接，粗滴过渡等

表示冲击吸收能量（KV_2）不小于 27J 时的试验温度，"5"表示−50℃

表示熔敷金属抗拉强度，"69"表示最小值为 690MPa

表示药芯焊丝

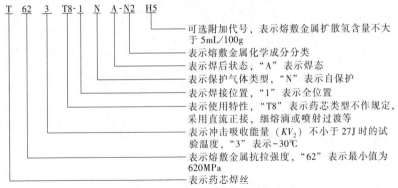

T 62 3 T8-1 N A-N2 H5

可选附加代号，表示熔敷金属扩散氢含量不大于 5mL/100g

表示熔敷金属化学成分分类

表示焊后状态，"A"表示焊态

表示保护气体类型，"N"表示自保护

表示焊接位置，"1"表示全位置

表示使用特性，"T8"表示药芯类型不作规定，采用直流正接，细熔滴或喷射过渡等

表示冲击吸收能量（KV_2）不小于 27J 时的试验温度，"3"表示−30℃

表示熔敷金属抗拉强度，"62"表示最小值为 620MPa

表示药芯焊丝

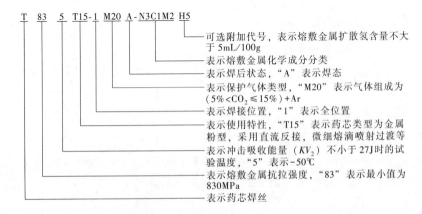

T 83 5 T15-1 M20 A-N3C1M2 H5

可选附加代号，表示熔敷金属扩散氢含量不大于 5mL/100g

表示熔敷金属化学成分分类

表示焊后状态，"A"表示焊态

表示保护气体类型，"M20"表示气体组成为（5%<CO_2≤15%）+Ar

表示焊接位置，"1"表示全位置

表示使用特性，"T15"表示药芯类型为金属粉型，采用直流反接，微细熔滴喷射过渡等

表示冲击吸收能量（KV_2）不小于 27J 时的试验温度，"5"表示−50℃

表示熔敷金属抗拉强度，"83"表示最小值为 830MPa

表示药芯焊丝

（4）铸铁药芯焊丝 GB/T 10044—2006 对铸铁药芯焊丝型号进行了详细规定，包括四部分：

1）第一部分为字母"ET"，表示药芯焊丝。

2）第二部分为数字"3"，表示自保护型焊丝。

3）第三部分是字母"Z"，表示用于铸铁焊接。

4）第四部分是熔敷金属的主要化学元素符号或金属类型代号。

铸铁药芯焊丝型号示例：

ET　3　Z　NiFe
├─ 熔敷金属中主要元素为镍、铁
├─ 焊丝用于铸铁焊接
├─ 药芯焊丝为自保护类型
└─ 药芯焊丝

（5）不锈钢药芯焊丝 GB/T 17853—2018 对不锈钢药芯焊丝型号进行了详细规定，其型号是根据其熔敷金属化学成分、焊丝类型、保护气体类型和焊接位置编制的，包括五部分：

1）第一部分为字母"TS"，表示不锈钢药芯焊丝及填充丝。

2）第二部分为字母"TS"后面的数字与字母组合，表示熔敷金属化学成分分类代号。

3）第三部分是短划线"-"与字母，表示焊丝类型代号，其中"F"代表非金属粉型药芯焊丝，"M"代表金属粉型药芯焊丝，"R"代表钨极惰性气体保护焊用药芯焊丝。

4）第四部分是焊丝类型代号后面的字母和数字组合，表示保护气体类型代号，其中自保护的代号为"N"。

5）第五部分是保护气体类型代号后面的数字，表示焊接位置代号，其中"0"表示仅适用于平焊和平角焊，"1"表示全位置焊。

不锈钢药芯焊丝型号示例：

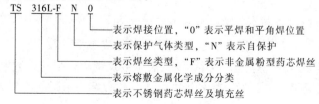

TS　316L-F　N　0
├─ 表示焊接位置，"0"表示平焊和平角焊位置
├─ 表示保护气体类型，"N"表示自保护
├─ 表示焊丝类型，"F"表示非金属粉型药芯焊丝
├─ 表示熔敷金属化学成分分类
└─ 表示不锈钢药芯焊丝及填充丝

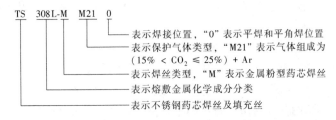

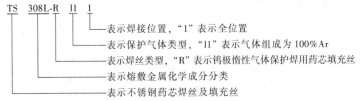

3. 实心焊丝的牌号

（1）碳素钢、低合金钢和不锈钢焊丝 牌号第一个字母"H"表示焊接用焊丝。"H"后面的两位数字表示碳含量，接下来的化学符号及其后面的数字表示该元素大致含量的百分数值。合金元素的质量分数小于1%时，该合金元素化学符号后面的数字省略。在结构钢焊丝牌号尾部标有"A""E"或"C"时，分别表示为"优质品""高级优质品"和"特级优质品"。"A"表示硫、磷的质量分数≤0.030%，"E"表示硫、磷的质量分数≤0.020%，"C"表示硫、磷的质量分数≤0.015%，标明了对焊丝中硫、磷含量要求的严格程度。在不锈钢焊丝中无此要求。

低合金钢焊丝牌号示例：

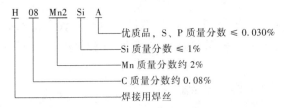

（2）硬质合金堆焊焊丝和有色金属焊丝 字母"HS"表示焊丝，牌号中第一位数字表示焊丝的化学组成类型，数字"1"表示堆焊用硬质合金焊丝，数字"2"表示铜及铜合金焊丝，数字"3"表示铝及铝合金焊丝。牌号第二、第三位数字表示同一类型焊丝的

不同牌号。如 HS121 表示硬质合金焊丝，HS311 表示铝硅合金焊丝。

4. 药芯焊丝的牌号

第一个字母"Y"表示药芯焊丝，第二个字母表示焊丝类别，字母含义与焊条相同。"J"为结构钢用，"R"为耐热钢用，"G"为铬不锈钢用，"A"为铬镍不锈钢用，"D"为堆焊用。其后的三位数字按同类用途的焊条牌号编制方法。短划"-"后的数字表示焊接时的保护方法，"1"为气保护，"2"为自保护，"3"为气保护和自保护两用，"4"表示其他保护形式。药芯焊丝有特殊性能和用途时，则在牌号后面加注起主要作用的元素或主要用途的字母（一般不超过两个）。

药芯焊丝牌号示例：

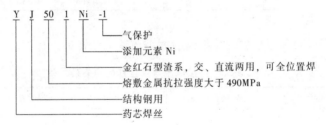

3.2.3 **焊丝的选用**

钨极氩弧焊时，焊缝是由熔化的母材和填充焊丝组成，焊缝的质量在很大程度上取决于工件和焊丝的质量。

为了保证焊接接头的性能，选用焊丝时要遵循如下原则：

1）满足焊接接头力学性能和其他特殊性能的要求，如防腐、耐磨、耐热等。

2）焊丝所含 S、P 等有害杂质要少。

3）焊丝应清洁、光滑、干燥、无油渍、污物和锈斑。

4）焊丝应符合国家标准并有制造厂的质量合格证书。

一般情况下焊丝化学成分应与母材成分相匹配，或焊丝的合金含量比母材稍高。焊接铜、铝、镁、钛及其合金时，如果没有相应的成品焊丝，可选用与母材相当或与母材成分相同的薄板，并将其剪成小条作为氩弧焊丝。异种材料焊接时选用的焊丝合金含量应介于两者之间，或选用碳含量高的母材作为焊丝。常用氩弧焊焊丝见表 3-29。

表 3-29　常用氩弧焊焊丝

钢的牌号	应选用焊丝的牌号		钢的牌号	应选用焊丝的牌号
Q235,10,20g	H08Mn2Si H05MnSiAlTiZr	异种钢焊接	20+ 15CrMo 12Cr1MoV	H08CrMoV
16Mn,16Mng 16MnR,25Mn	H10Mn2 H08Mn2Si		12Cr1MoV+ 20/Q235	H08Mn2Si H05MnSiAlTiZr
15CrMo① 12CrMo①	H08CrMoA H08CrMoMn2Si		12Cr1MoV+ 15CrMo	H13CrMo H08CrMoV
06Cr19Ni10 12Cr18Ni9	H0Cr18Ni9	低温钢	09Mn2V	H05Mn2Cu H05Ni2.5
			06AlCuNbN	H08Mn2WCu

① 在用非标牌号。

焊丝直径应根据焊接电流的大小选择，见表 3-30。

表 3-30　焊接电流与焊丝直径的关系

焊接电流/A	焊丝直径/mm	焊接电流/A	焊丝直径/mm
10~20	≤1.0	200~300	2.4~4.5
20~50	1.0~1.6	300~400	3.0~6.0
50~100	1.0~2.4	400~500	4.5~8.0
100~200	1.6~3.0		

3.2.4　焊丝的保管

1. 存放中的管理

1）要求在推荐的保管条件下，未打开包装的焊丝至少有 12 个月保持在"工厂新鲜"状态。最长的保管时间取决于周围的大气环境（温度、湿度等）。仓库的保管条件为室温 10~25℃，最大相对湿度 60%。

2）焊丝应存放在干燥、通风良好的库房中，不允许露天存放或放在有腐蚀性介质（如 SO_2 等）的室内，室内应保持整洁。堆放时不宜直接放在地面上，最好放在距离地面和墙壁不小于250mm 的架子上或垫板上，以保持空气流通，防止受潮。

3）由于焊丝适用的焊接方法很多，适用的材料种类也很多，所以焊丝卷的形状及捆包状态也多种多样。根据送丝机的不同，焊线卷的形状可分为盘状、捆状及筒状。在搬运过程中，要避免乱扔乱放，防止包装破损。一旦包装破损，可能会引起焊丝吸潮、生锈。

4）对于捆状焊丝，要防止丝架因变形而不能装入送丝机。

5）对于筒状焊丝，搬运时切勿滚动，容器也不能放倒或倾斜，以避免筒内焊丝缠绕而妨碍使用。

2. 使用中的管理

1）开包后的焊丝应在 2 天内用完。

2）开包后的焊丝要防止其表面被冷凝结霜，或被锈、油脂及其他碳氢化合物所污染，必须保持焊丝表面干净和干燥。

3）焊丝清洗后应及时使用，如果放置时间较长，应重新清洗。不锈钢焊丝或有色金属焊丝使用前最好用化学方法去除其表面的油、锈，防止造成焊缝缺欠。

4）当焊丝没有用完，需放在送丝机内过夜时，要用帆布、塑料布或其他物品将送丝机罩住，减少其与空气中的湿气接触。

5）对于 3 天内无法用完的焊丝，要从送丝机内取出，放回原包装内，封口密封，然后再放入具有良好保管条件的仓库中。

3. 焊丝的质量管理

1）对于购入的焊丝，每批产品都应有生产厂的质量保证书。经检验合格的每包产品中必须带有产品说明书和检验产品合格证。每件焊丝包装上应用标签或其他方法标明焊丝型号和相应的国家标准号、批号、检验号、规格、净质量、制造厂名称及厂址。

2）焊丝要按类别、规格分别堆放，防止错用。

3）按照"先进先出"的原则发放焊丝，尽量缩短焊丝的存放期。

4）发现焊丝包装破损，要认真检查。有明显机械损伤或有过量锈迹的焊丝不能用于焊接。

4. 焊丝的清理及烘干

焊丝在使用前应进行仔细清理（去油、去锈等），一般不需要进行烘干处理。但实际施工中，对于受潮较为严重的焊丝，也应进行焊前烘干处理。但焊丝的烘干温度不宜过高，一般在 120~150℃下烘干 1~2h 即可。焊丝烘干对消除焊缝中的气孔及降低扩散氢含量有利。

5. 焊丝需用量的计算

焊丝需用量的计算公式为 $W = 1.2\,A\rho L/\eta$，式中，W 是焊丝需用量，单位为 g；A 是焊缝横截面积，单位为 cm^2；ρ 是密度，单位为 g/cm^3；L 是焊缝长度，单位为 cm；η 是熔敷率，非熔化极氩弧焊（TIG）和熔化极氩弧焊（MIG）实心焊丝为 95%，药芯焊丝为 90%，金属粉型药芯焊丝为 95%。

3.3 焊剂及气焊熔剂

3.3.1 焊剂的分类

焊接时能够熔化形成熔渣和气体，对熔化金属起保护和冶金处理作用的一种颗粒状物质称为焊剂，焊剂的分类如图 3-4 所示。

3.3.2 焊剂的型号和牌号

1. 埋弧焊用非合金钢及细晶粒钢焊丝-焊剂组合型号

根据 GB/T 5293—2018《埋弧焊用非合金钢及细晶粒钢实心焊丝、药芯焊丝和焊丝-焊剂组合分类要求》的规定，完整的焊丝-焊剂型号包括五部分：

1）第一部分：用字母"S"表示埋弧焊焊丝-焊剂组合。

2）第二部分：表示多道焊在焊态或焊后热处理条件下，熔敷金属的抗拉强度代号，或者表示用于双面单道焊时焊接接头的抗拉强度代号。

3）第三部分：表示冲击吸收能量（KV_2）不小于 27J 时的试

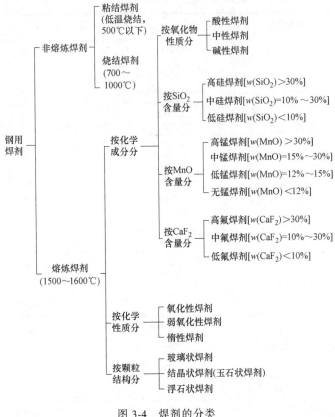

图 3-4 焊剂的分类

验温度代号。

4）第四部分：表示焊剂类型代号，见表 3-31。

5）第五部分：表示实心焊丝型号或者药芯焊丝-焊剂组合的熔敷金属的化学成分分类。

除以上强制分类代号外，可在组合分类中附加可选代号：字母"U"附加在第三部分之后，表示在规定试验温度下，冲击吸收能量（KV_2）应不小于 47J；扩散氢代号"HX"附加在最后，其中"X"为 15、10、5、4 或 2，分别表示每 100g 熔敷金属中扩散氢含量的最大值为 15mL、10mL、5mL、4mL 或 2mL。

表 3-31 焊剂类型代号

焊剂类型代号	主要化学成分(质量分数,%)	
MS(硅锰型)	$MnO+SiO_2$	$\geqslant 50$
	CaO	$\leqslant 15$
CS(硅钙型)	$CaO+MgO+SiO_2$	$\geqslant 55$
	$CaO+MgO$	$\geqslant 15$
CG(镁钙型)	$CaO+MgO$	$5\sim 50$
	CO_2	$\geqslant 2$
	Fe	$\leqslant 10$
CB(镁钙碱型)	$CaO+MgO$	$30\sim 80$
	CO_2	$\geqslant 2$
	Fe	$\leqslant 10$
CG-I(铁粉镁钙型)	$CaO+MgO$	$5\sim 45$
	CO_2	$\geqslant 2$
	Fe	$15\sim 60$
CB-I(铁粉镁钙碱型)	$CaO+MgO$	$10\sim 70$
	CO_2	$\geqslant 2$
	Fe	$15\sim 60$
GS(硅镁型)	$MgO+SiO_2$	$\geqslant 42$
	Al_2O_3	$\leqslant 20$
	$CaO+CaF_2$	$\leqslant 14$
ZS(硅锆型)	ZrO_2+SiO_2+MnO	$\geqslant 45$
	ZrO_2	$\geqslant 15$
RS(硅钛型)	TiO_2+SiO_2	$\geqslant 50$
	TiO_2	$\geqslant 20$
AR(铝钛型)	$Al_2O_3+TiO_2$	$\geqslant 40$
BA(碱铝型)	$Al_2O_3+CaF_2+SiO_2$	$\geqslant 55$
	CaO	$\geqslant 8$
	SiO_2	$\leqslant 20$

（续）

焊剂类型代号	主要化学成分（质量分数，%）	
AAS（金红石硅铝型）	$Al_2O_3+SiO_2$	$\geqslant 50$
	CaF_2+MgO	$\geqslant 20$
AB（铝碱型）	$Al_2O_3+CaO+MgO$	$\geqslant 40$
	Al_2O_3	$\geqslant 20$
	CaF_2	$\leqslant 22$
AS（硅铝型）	$Al_2O_3+SiO_2+ZrO_2$	$\geqslant 40$
	CaF_2+MgO	$\geqslant 30$
	ZrO_2	$\geqslant 5$
AF（铝氟碱型）	$Al_2O_3+CaF_2$	$\geqslant 70$
FB（氟碱型）	$CaO+MgO+CaF_2+MnO$	$\geqslant 50$
	SiO_2	$\leqslant 20$
	CaF_2	$\geqslant 15$
G[①]	其他协定成分	

① 表中未列出的焊剂类型可用相类似的符号表示，词头加字母"G"，化学成分范围不进行规定，两种分类之间不可替换。

埋弧焊用非合金钢及细晶粒钢焊丝-焊剂组合型号示例：

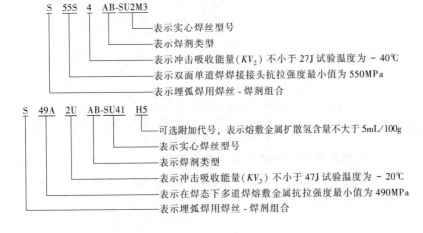

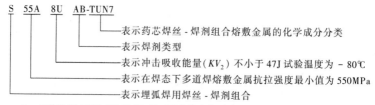

- 表示药芯焊丝-焊剂组合熔敷金属的化学成分分类
- 表示焊剂类型
- 表示冲击吸收能量（KV_2）不小于 47J 试验温度为 -80℃
- 表示在焊态下多道焊熔敷金属抗拉强度最小值为 550MPa
- 表示埋弧焊用焊丝-焊剂组合

2. 埋弧焊用高强钢焊丝-焊剂组合型号

根据 GB/T 36034—2018《埋弧焊用高强钢实心焊丝、药芯焊丝和焊丝-焊剂组合分类要求》的规定，焊丝-焊剂组合型号由五部分组成，与埋弧焊用非合金钢及细晶粒钢焊丝-焊剂组合型号表示方法相同。

埋弧焊用高强钢焊丝-焊剂组合型号示例：

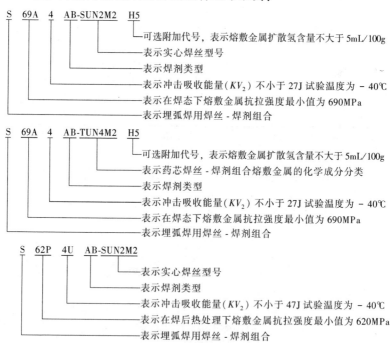

S 69A 4 AB-SUN2M2 H5
- 可选附加代号，表示熔敷金属扩散氢含量不大于 5mL/100g
- 表示实心焊丝型号
- 表示焊剂类型
- 表示冲击吸收能量（KV_2）不小于 27J 试验温度为 -40℃
- 表示在焊态下熔敷金属抗拉强度最小值为 690MPa
- 表示埋弧焊用焊丝-焊剂组合

S 69A 4 AB-TUN4M2 H5
- 可选附加代号，表示熔敷金属扩散氢含量不大于 5mL/100g
- 表示药芯焊丝-焊剂组合熔敷金属的化学成分分类
- 表示焊剂类型
- 表示冲击吸收能量（KV_2）不小于 27J 试验温度为 -40℃
- 表示在焊态下熔敷金属抗拉强度最小值为 690MPa
- 表示埋弧焊用焊丝-焊剂组合

S 62P 4U AB-SUN2M2
- 表示实心焊丝型号
- 表示焊剂类型
- 表示冲击吸收能量（KV_2）不小于 47J 试验温度为 -40℃
- 表示在焊后热处理下熔敷金属抗拉强度最小值为 620MPa
- 表示埋弧焊用焊丝-焊剂组合

3. 埋弧焊用不锈钢焊丝-焊剂组合型号

根据 GB/T 17854—2018《埋弧焊用不锈钢焊丝-焊剂组合分类要求》的规定，焊丝-焊剂组合型号由四部分组成：

1）第一部分：用字母"S"表示埋弧焊焊丝-焊剂组合。

2）第二部分：表示熔敷金属分类。

3）第三部分：表示焊剂类型代号。

4）第四部分：表示焊丝型号。

埋弧焊用不锈钢焊丝-焊剂组合型号示例：

表示焊丝型号
表示焊剂类型
表示熔敷金属分类
表示埋弧焊用焊丝 - 焊剂组合

4. 埋弧焊和电渣焊用焊剂型号

根据 GB/T 36037—2018《埋弧焊和电渣焊用焊剂》的规定，完整的焊剂型号包括四部分：

1）第一部分：表示焊剂适用的焊接方法，用字母"S"表示适用于埋弧焊，"ES"表示适用于电渣焊。

2）第二部分：表示焊剂制造方法，"F"表示熔炼焊剂，"A"表示烧结焊剂，"M"表示混合焊剂。

3）第三部分：表示焊剂类型代号。

4）第四部分：表示焊剂适用范围代号，见表 3-32。

除以上强制分类代号外，可在型号后依次附加可选代号：①冶金性能代号，用数字、元素符号、元素符号和数字组合等表示焊剂烧损或增加合金的程度；②电流类型代号，用字母表示，"DC"表示适用于直流焊接，"AC"表示适用于交流和直流焊接；③扩散氢代号"HX"附加在最后，其中"X"为 15、10、5、4 或 2，分别表示每 100g 熔敷金属中扩散氢含量的最大值为 15mL、10mL、5mL、4mL 或 2mL。

表 3-32 焊剂适用范围代号

代号[①]	适用范围
1	用于非合金钢及细晶粒钢、高强钢、热强钢和耐候钢,适合于焊接接头和/或堆焊 在接头焊接时,一些焊剂可应用于多道焊和单/双道焊
2	用于不锈钢和/或镍及镍合金 主要适用于接头焊接,也能用于带极堆焊

（续）

代号[1]	适用范围
2B	用于不锈钢和/或镍及镍合金 主要适用于带极堆焊
3	主要用于耐磨堆焊
4	1类~3类都不适用的其他焊剂,例如铜合金用焊剂

[1] 由于匹配的焊丝、焊带或应用条件不同,焊剂按此划分的适用范围代号可能不止一个,在型号中应至少标出一种适用范围代号。

（1）1类适用范围焊剂的冶金性能代号 该类焊剂通常除 Mn、Si 之外不含其他合金成分,因此焊缝金属的成分结果主要受焊丝（带）的成分及冶金反应的影响。冶金性能代号见表3-33,在型号中按 Si、Mn 的顺序排列其代号。

表 3-33　1类适用范围焊剂的冶金性能代号

冶金性能	代号	化学成分差值(质量分数,%)	
		Si	Mn
烧损	1	—	>0.7
	2	—	0.5~0.7
	3	—	0.3~0.5
	4	—	0.1~0.3
中性	5	0~0.1	
增加	6	0.1~0.3	
	7	0.3~0.5	
	8	0.5~0.7	
	9	>0.7	

（2）2类和2B类适用范围焊剂的冶金性能代号 该类焊剂含有合金化元素,冶金性能代号见表3-34,在型号中按 C、Si、Cr 和 Nb 的顺序排列其代号,如果还添加其他合金化元素,在其后列出相应的元素符号。

表 3-34 2 类和 2B 类适用范围焊剂的冶金性能代号

冶金性能	代号	化学成分差值(质量分数,%)			
		C	Si	Cr	Nb
烧损	1	>0.020	>0.7	>2.0	>0.20
	2	—	0.5~0.7	1.5~2.0	0.15~0.20
	3	0.010~0.020	0.3~0.5	1.0~1.5	0.10~0.15
	4	—	0.1~0.3	0.5~1.0	0.05~0.10
中性	5	0~0.010	0~0.1	0~0.5	0~0.05
增加	6	—	0.1~0.3	0.5~1.0	0.05~0.10
	7	0.010~0.020	0.3~0.5	1.0~1.5	0.10~0.15
	8		0.5~0.7	1.5~2.0	0.15~0.20
	9	>0.020	>0.7	>2.0	>0.20

（3）3 类适用范围焊剂的冶金性能代号　该类焊剂向焊缝中过渡合金元素，如 C、Cr、Mo 等，冶金性能代号以元素符号及其名义含量的质量分数的 100 倍来表示。

（4）4 类适用范围焊剂的冶金性能代号　该类焊剂冶金性能代号以相应合金化元素符号表示。

埋弧焊和电渣焊用焊剂型号示例：

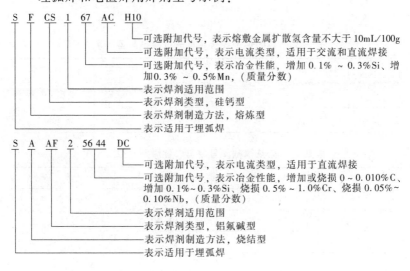

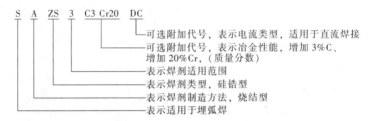

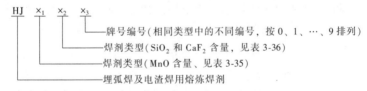

5. 熔炼焊剂的牌号

熔炼焊剂的牌号由字母 "HJ" 和三位数字组成,其含义及表示方法如下:

```
HJ ×₁ ×₂ ×₃
```

— 牌号编号(相同类型中的不同编号,按0、1、…、9排列)
— 焊剂类型(SiO_2 和 CaF_2 含量,见表3-36)
— 焊剂类型(MnO 含量、见表3-35)
— 埋弧焊及电渣焊用熔炼焊剂

表 3-35　熔炼焊剂牌号中第一位焊剂类型 ($\times_1$)

$\times_1$	焊剂类型	$w(MnO)(\%)$	$\times_1$	焊剂类型	$w(MnO)(\%)$
1	无锰	<2	3	中锰	15~30
2	低锰	2~15	4	高锰	>30

表 3-36　熔炼焊剂牌号中第二位焊剂类型 ($\times_2$)

$\times_2$	焊剂类型	$w(SiO_2)(\%)$	$w(CaF_2)(\%)$
1	低硅低氟	<10	<10
2	中硅低氟	10~30	
3	高硅低氟	>30	

（续）

$\times_2$	焊剂类型	$w(SiO_2)(\%)$	$w(CaF_2)(\%)$
4	低硅中氟	<10	10~30
5	中硅中氟	10~30	
6	高硅中氟	>30	
7	低硅高氟	<10	>30
8	中硅高氟	10~30	
9	其他	不规定	不规定

注：同一牌号焊剂生产两种不同颗粒度时，在细颗粒焊剂牌号后面加字母"×"。

熔炼焊剂牌号示例：

HJ 4 3 1 ×
表示细颗粒焊剂（粒度为 0.45 ~ 2.5mm）
表示牌号编号为 1
表示高硅低氟型
表示高锰型
表示熔炼焊剂

6. 烧结焊剂的牌号

烧结焊剂由字母"SJ"和三位数字组成，表示方法如下：

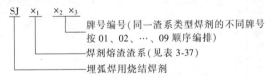

SJ $\times_1$ $\times_2\times_3$
牌号编号（同一渣系类型焊剂的不同牌号
按 01、02、…、09 顺序编排）
焊剂熔渣渣系（见表 3-37）
埋弧焊用烧结焊剂

表 3-37　烧结焊剂的熔渣渣系（$\times_1$）

$\times_1$	熔渣渣系类型	主要化学成分组成类型
1	氟碱型	$w(CaF_2)\geqslant15\%$、$w(CaO+MgO+MnO+CaF_2)>50\%$、$w(SiO_2)<20\%$
2	高铝型	$w(Al_2O_3)\geqslant20\%$、$w(Al_2O_3+CaO+MgO)>45\%$
3	硅钙型	$w(CaO+MgO+SiO_2)>60\%$
4	硅锰型	$w(MnO+SiO_2)>50\%$
5	铝钛型	$w(Al_2O_3+TiO_2)>45\%$
6、7	其他型	不规定

烧结焊剂牌号示例：

SJ 5 01
表示焊剂编号为 01
表示熔渣渣系为铝钛型
表示烧结焊剂

3.3.3 焊剂与焊丝的选用

1. 国产熔炼焊剂的特点、用途及配用焊丝

表 3-38 国产熔炼焊剂的特点、用途及配用焊丝

序号	焊剂牌号	焊剂类型	配用焊丝/母材	熔敷金属的力学性能				适用电源种类①	焊剂粒度/mm	特点及用途	烘干条件
				R_m/MPa	$R_{p0.2}$/MPa	A(%)	KV_2/J				
1	HJ130	无锰高硅低氟	H10Mn2/16Mn	477	332	29.9	—	AC、DC	2.5~0.45	呈黑色或灰色半浮石状颗粒,由于含一定数量的 TiO_2,焊接工艺性能好,抗气孔性好,抗热裂纹能好;焊缝表面光滑,易脱渣;采用直流电源时焊丝接正极。常用于焊接低碳钢及其他低合金钢	250℃×2h
			H10Mn2/低碳钢	410~550	≥300	≥22	—				
			其他低合金焊丝								
2	HJ131	无锰高硅低氟	镍基焊丝	—	—	—	—	AC、DC	2.0~0.28	白色至灰色浮石状颗粒,焊接工艺性能良好。常用于焊接镍基合金薄板结构	250℃×2h
3	HJ150	无锰中硅中氟	H2Cr13、H3Cr2W8等	—	—	—	—	DC	2.50~0.45	灰色至天蓝色玻璃状或白色浮石状颗粒,玻璃状时松装比为 1.3~1.5g/cm³,适于大电流焊接;采用直流电源,焊丝接正极;焊接工艺性能良好,易脱渣;在熔融状态下流动性好,不适于焊接及堆焊于直径小于120mm工件的环向焊接及堆焊。广泛用于高合金钢的自动焊、半自动焊和堆焊,特别适于轧辊及高炉料钟等易磨损件的修复复堆焊	(300~450)℃×2h

	牌号		配用焊丝							说明	烘焙温度
4	HJ151	无锰中硅中氟	H0Cr21Ni10、H0Cr20Ni10Ti、H0Cr24Ni12Nb、H00Cr21Ni10Nb、H00Cr26Ni12、H00Cr21Ni10 等奥氏体不锈钢焊丝或焊带	—	—	—	—	DC	2.0~0.28	蓝色到深灰色浮石状颗粒，采用直流施焊，焊丝或焊带接正极；焊接工艺性能良好，易脱渣；焊接奥氏体不锈钢时，具有增碳少和铬烧损小等特点；加入适量也易有增碳少和铬烧损小等特点；加入适量的氧化铌还能达到铝不锈钢工脱渣的目的。可用于核能化工设备耐磨层堆焊和构件的焊接，配合 H06Cr16Mn16 焊丝可用于高锰钢的焊接	(250~300)℃×2h
5	HJ152	无锰	高碳高铬合金管状焊丝	—	—	—	—	DC	2.0~0.3	深灰色玻璃状颗粒，具有良好的焊接工艺性能，焊缝成形好，高温脱渣性能佳。可用于高铬铸铁耐磨辊磨机堆焊，堆焊层硬度 55~65HRC；适用于 RP 磨煤机磨辊堆焊，并可专用于高碳高铬耐磨合金的堆焊	350℃×2h
6	HJ172	无锰低硅高氟	适当焊丝	—	—	—	—	DC	2.0~0.28	白色至深灰色半透明玉石状颗粒，采用直流施焊，焊丝接正极，焊接工艺性能良好，焊接含铌或含钛的铬铁钢时不粘渣，焊缝熔渣氧化性很弱，故具有较高的塑性和韧性。由于含氧量低，抗气孔能力较差，可焊接高铬马氏体热强钢，如 15Cr12MoWV，也可焊接含铌的铬镍不锈钢	(350~400℃)×2h

（续）

序号	焊剂牌号	焊剂类型	配用焊丝/母材	熔敷金属的力学性能				适用电源种类①	焊剂粒度/mm	特点及用途	烘干条件
				R_m/MPa	$R_{p0.2}$/MPa	A(%)	KV_2/J				
7	HJ107	无锰中硅中氟	适当焊丝	—	—	—	—	DC	—	灰黑色浮石状颗粒，松装比小，约0.9g/cm³，为普通焊剂的65%左右，使用直流电源在较高电压下焊接时，熔深较浅，电弧稳定，焊缝成形美观，焊剂消耗量低，易脱渣。由于焊剂中含有较多的CaF_2，又加入了Na_3AlF_6（冰晶石），抗气孔和抗裂纹能力均有提高。在焊剂中加入Cr_2O_3，既可起到浮石化作用，又可减少不锈钢焊接过程中Cr的损失。常用于不锈钢埋弧焊接和不锈钢复合层的堆焊，配合适当的焊丝或焊带，可获得质优的焊层，如配合H06Cr16Mn16焊丝，也可用于焊接含镍不锈钢等	—
8	HJ230	低锰高硅低氟	H10Mn2/16Mn	495	345	30.2	95(-40℃)	AC、DC	2.5~0.45	青灰色玻璃状颗粒，直流焊接时焊丝接正极，焊接工艺性能良好，焊缝美观。用于焊接低碳钢及低合金结构钢，如16Mn等	250℃×2h
			H08MnA/低碳钢	410~550	≥300	≥22	≥27(0℃)				
			某些低合金钢焊丝	—	—	—	—				

序号	牌号	特性	焊丝	抗拉强度	屈服强度	伸长率	冲击功	电流	碱度/氧	说明	烘焙
9	HJ211	低锰中硅含钛硼	H10Mn2A 等	480~650	≥380	≥22	27 (-40℃)	AC、DC	1.4~0.25	灰黑色颗粒。直流焊接时焊丝接正极，焊接工艺性能良好，扩散氢含量低。配用 US-36、EH14、H10Mn2A 焊丝，用于海洋平台、船舶、压力容器等重要结构的焊接	350℃×2h
10	HJ250	低锰中硅中氟	H08Mn2MoA/18MnMoNb	685	568	≥19	94.5 (-40℃)	DC	2.0~0.28	淡黄色至浅绿色玉石状颗粒，由于焊剂的活度较低，焊缝中氧含量较低，低温冲击韧性较高；但焊缝的氢含量较高，对冷裂纹敏感性较大，焊接时应采用相应的预热措施；焊接成形美观，脱渣精细，易脱渣，焊接低合金高强度钢，如 Q239 等，也可焊接低温钢 09Mn2V；配合 Cr-Mo-V 低合金钢焊丝可焊接 12CrMoV 等低合金耐热钢	(300~350℃)×2h
			H08Mn2MoA/14MnMoVb	705	596	21.6	126 (-40℃)				
			H06MnNi2CrMoA/12Ni4CrMoV	735	627	≥20	110 (-40℃)				
			H08MnMoA 等	—	—	—	—				
11	HJ251	低锰中硅中氟	铬钼焊丝	—	—	—	—	DC	2.0~0.28	淡黄色至浅绿色玉石状颗粒，该焊剂的冶金性能与 HJ250 相似，焊丝接正板，配合铬钼焊丝可焊接珠光体耐热钢，如焊接汽轮机转子等，也可用于焊接其他低合金钢。焊接工艺性能良好	(300~350℃)×2h

（续）

序号	焊剂牌号	焊剂类型	配用焊丝/母材	熔敷金属的力学性能				适用电源种类①	焊剂粒度 /mm	特点及用途	烘干条件
				R_m /MPa	$R_{p0.2}$ /MPa	A (%)	KV_2 /J				
12	HJ252	低锰中硅中氟	H08Mn2MoA、H10Mn2、H06Mn2Ni-MoA 等	≥590	—	≥18	≥41 (-20℃)	DC	2.0~0.28	灰色至浅灰色玉石状颗粒,焊接工艺性能良好,在较厚的深坡口内多层焊时也具有良好的脱渣性能;与高活度焊剂(如 HJ431、HJ350)相比,焊缝中的非金属夹杂物及 S、P 含量少,焊丝在熔融时具有良好的导电渣作用,故也适用于电渣焊。配合适当焊丝可焊接 Q345 等低合金高强度钢;焊缝具有良好的抗裂性和较好的低温韧性。可用于核容器、石油化工等压力容器的焊接	250℃ ×2h
13	HJ260	低锰高硅中氟	H0Cr21Ni10、H0Cr21Ni10Ti 等奥氏体不锈钢焊丝	—	—	—	—	DC	2.0~0.28	灰色玻璃状颗粒,采用直流施焊,接正极、电弧稳定,焊缝成形美观。配合奥氏体不锈钢焊丝可焊接相应的耐酸不锈钢结构,也可用于轧辊堆焊	250℃ ×2h
14	HJ330	中锰高硅低氟	H08MnA、H08Mn2SiA、H10MnSi 等	410~550	≥330	≥22.0	≥27 (0℃)	AC、DC	2.5~0.45	棕红色玻璃状颗粒,直流焊接时焊丝接正极,电弧稳定性好,易脱渣,焊缝金属的抗裂性能好、低温冲击韧性较高,配合相应的焊丝可焊接低碳钢和某些低合金钢(Q345 等)结构,如锅炉、压力容器等	(300~450)℃ ×2h

序号	牌号	类型	配用焊丝	抗拉强度/MPa	屈服强度/MPa	伸长率/%	冲击韧性/J	电流种类	粒度/mm	特性及用途	烘焙
15	HJ331	中锰高硅低氟	H08A	410~550	≥330	≥22	≥27(-20℃)	AC、DC	1.6~0.25	褐绿色玻璃状颗粒,较快状焊渣,坡口内易脱渣,适用于大电流,较快焊速(≈60m/h)焊接;低温韧性和抗裂性良好,用于低碳钢及国产STE355钢的焊接,如船舶、压力容器、桥梁等	(250~300)℃×2h
16	HJ350	中锰中硅中氟	H10Mn2	480~650	≥380	≥22	≥27(-20℃)	AC、DC	2.5~0.45	棕色至浅黄色的玻璃状颗粒,自动焊时粒度采用2.5~0.45mm,半自动或细丝焊接时粒度为1.18~0.18mm;直流焊接,焊丝接正极,焊接工艺性良好,易脱渣,焊缝成形正极,焊接低合金高强度钢时抗冷裂纹能力低,焊接低合金高强度钢时扩散氢含量能良好。配合适当焊丝可焊接低合金钢和中合金钢重要焊结构,主要用于船舶、高压容器焊接;细粒度焊剂可用于细丝埋弧焊,焊接薄板结构	350℃×2h
			H10Mn2MoA/15MnV	595	495	22.3	—		1.18~0.15		
17	HJ351	中锰中硅中氟	H10Mn2	410~550	≥330	≥22	≥27(-20℃)	AC、DC	2.0~0.28	棕色至浅黄色的玻璃状颗粒,直流焊接时焊丝接正极,焊接工艺性能良好,易脱渣,自动焊,配合适当焊丝可焊接锰钢和半自动埋弧焊和锰钢,锰硅及含镍、高压容器等的重要结构,如船舶、锰钢炉、高压容器等,细粒度焊剂可用于焊接薄板接薄板结构	(350~400)℃×2h

（续）

序号	焊剂牌号	焊剂类型	配用焊丝/母材	熔敷金属的力学性能				适用电源种类[①]	焊剂粒度/mm	特点及用途	烘干条件
				R_m/MPa	$R_{p0.2}$/MPa	A(%)	KV_2/J				
18	HJ360	中锰高硅中氟	H10MnSi、H10Mn2、H08Mn2MoVA 等焊丝	—	—	—	—	AC、DC	2.0~0.28	棕红色至浅黄色的玻璃颗粒,熔融状态下熔渣具有良好的导电性能,电渣焊时可保证过程稳定,并有一定的脱硫能力;直流焊接时焊丝接正极。主要用于电渣焊及某些低碳合金钢(Q235、20g、Q345及Q390)大型结构,加轧钢机架、大型立柱或抽芯	250℃×2h
19	HJ380	中锰中硅高氟	H10MnNiA	480~650	≥380	≥22	≥27(-20℃)	DC	2.0~0.25	棕红色至浅绿色的玻璃状颗粒,焊接热输入为22~29kJ/cm,焊接接头的塑性、韧性,焊接工艺性能良好,易脱渣。配合 H10MnNiA 焊丝可焊接钢 15MnNi,也可用于其他低温 Mn-Ni 系列钢的焊接	(300~350)℃×2h
20	HJ430	高锰高硅低氟	H08A/16Mn	570	445	28	—	AC、DC	2.5~0.45 1.18~0.18	棕色至褐绿色的玻璃状颗粒,直流施焊时焊丝接正极,交流焊接时空载电压不宜小于70V,否则电弧稳定性不良。焊剂抗气孔性能优良,耐锈能力较好。因焊剂中锰及杂物多,S、P含量也高,故焊缝金属夹杂物的冲击韧性不高,脆性转变温度为-30~-20℃;焊剂不适于焊接适合低温较高强度级别的钢种,也不适于焊接低温下使用的结构,焊丝可焊接低碳钢及某些低合金钢(Q345、Q390等)结构,加锅炉、压力容器、管道。细颗粒焊剂用于细焊粒度薄板埋弧焊,焊接薄板结构	250℃×2h
			H08A/15MnTi	570	450	20	—				
			H08MnMoA/14MnVTiRE	630	505	24.5	—				
			H08A/低碳钢	410~550	≥330	≥22	≥27(0℃)				
			H10MnSi 等	—	—	—	—				

序号	牌号	类型	配用焊丝	抗拉强度	屈服强度	伸长率	冲击功	电源①	颗粒度	特性及用途	烘焙
21	HJ431	高锰高硅低氟	H08A	410~550	≥330	≥22	≥27(0℃)	AC、DC	2.5~0.45	红棕色至浅黄色玻璃状颗粒,直流施焊时焊丝接正极,焊接工艺性能良好,易脱渣,焊缝成形美观。与HJ430相比,电弧稳定性改善,施焊时有害气体减少,但焊接电压应不低于60V。配合相应焊丝可焊接低碳钢及低合金钢(如Q345、Q390等)结构,如锅炉、船舶、压力容器等;也可用于电渣焊及铜的焊接,是一种多用途焊剂	250℃×2h
			H08MnA/16Mn	565	390	30.7	—				
			H10MnSi等焊丝	—	—	—	—				
22	HJ433	高锰高硅低氟	H08A	410~550	≥330	≥22.0	≥27(0℃)	AC、DC	2.5~0.45	棕色至褐绿色焊丝焊剂颗粒,直流施焊,电弧稳定性好,易脱渣,有利于多层连续焊接;因有较高的熔化速度及黏度,焊渣成形好,在环形焊缝施焊时为防止熔渣流淌,故宜快速焊接,尤其是焊薄板。配合相应低合金钢的焊丝,常用于低碳钢的环缝,制造钢炉、压力容器等;也可以用于低合金钢钢管螺旋焊缝的高速焊接,制造输油、输气管道	250℃×2h
			H08MnA、H10MnSi	—	—	—	—				

① AC 为交流电源,DC 为直流电源。

2. 国产烧结焊剂的特点、用途及配用焊丝（表 3-39）

表 3-39　国产烧结焊剂的特点、用途及配用焊丝

序号	焊剂牌号	配用焊丝	熔敷金属的力学性能				适用电源种类①	焊剂粒度/mm	特点及用途	烘干条件
			R_m/MPa	$R_{p0.2}$/MPa	A(%)	KV_2/J				
1	SJ101	H08MnA	450~550	≥360	≥24	≥34(-40℃)	AC、DC	2.0~0.28	氟碱型焊剂，碱度值为1.8，灰色球形颗粒，可达1200A，电弧燃烧稳定，脱渣容易，焊缝成形美观；所配焊缝金属具有较高的低温冲击韧性；抗吸潮性好，颗粒强度高，松装比小，焊接过程中焊剂消耗量少。配合相应的焊丝，采用多层焊、双面单道焊、多丝焊接和窄间隙埋弧焊及船用钢、锅炉用钢、压力容器用钢、管线钢及细晶粒结构钢，用于重要的焊接产品	(300~350)℃×2h
		H10Mn2	550~600	≥400	≥24	≥34(-40℃)				
		H08MnMoA	550~650	≥430	≥20	≥34(-20℃)				
		H08Mn2MoA	620~750	≥500	≥20	≥34(-20℃)				
2	SJ102	H08MnA	490~560	≥400	≥24	≥40(-40℃)	DC	2.0~0.28	氟碱型高碱度焊剂，碱度值约3.5，球形颗粒，由于氟化物含量高，只可采用直流施焊，电弧稳定，焊接工艺性能优良，抗吸潮性好，颗粒强度高，松装比小，焊接过程中焊剂消耗量少。配合适当强度的船用钢，压力容器用钢的多道焊、双面单道焊等，可用于低合金结构钢、较高强度的船用钢，窄间隙焊和多丝埋弧焊，配合相应焊丝也可用于窄间隙埋弧焊接 Cr-Mo 耐热钢	(300~350)℃×2h
		H10Mn2	540~660	≥450	≥24	≥60(-40℃)				
		H08MnMoA	580~690	≥500	≥20	≥60(-40℃)				

序号	牌号	配用焊丝	抗拉强度	屈服强度	伸长率	硬度	电流种类	碱度	特点	烘焙温度
3	SJ103	H08Cr2MoA 等相应焊丝	≥520	≥310	≥19	—	DC	2.0~0.15	高碱度焊剂，呈本色无杂质椭圆形颗粒，电弧稳定，高温脱渣容易。采用直流反接，配合H08Cr2MoA焊丝可焊接2.25Cr-1Mo钢；焊缝金属加氢不增硅，不增磷和低扩散氢等特点	350℃×2h
4	SJ104	H08Cr2MoA 等相应焊丝	≥520	≥310	≥19	—	DC	2.0~0.15	高碱度焊剂，呈灰色无杂质椭圆形颗粒，电弧稳定，脱渣容易。采用直流反接，配合H08Cr2MoA焊丝可焊接2.25Cr-1Mo钢；焊缝金属具有不增硅、磷和低扩散氢（扩散氢含量≤4.0mL/100g）等特点	400℃×2h
5	SJ105	WM-210耐磨合金药芯焊丝	堆焊金属的硬度≥45HRC				DC	2.0~0.28	氟碱型焊剂，碱度值约为2.2，焊剂呈棕色球形颗粒，电弧燃烧稳定，脱渣容易，颗粒度好，焊缝成形美观，松装比小，焊剂的抗吸潮性良好，焊缝金属具有良好的抗裂性能。配合适当焊丝可用于轧辊的表面堆焊	(300~400)℃×1h

(续)

序号	焊剂牌号	配用焊丝	熔敷金属的力学性能				适用电源种类①	焊剂粒度/mm	特点及用途	烘干条件
			R_m/MPa	$R_{p0.2}$/MPa	A(%)	KV_2/J				
6	SJ107	H10Mn2	480~650	≥380	≥22	≥27(-40℃)	AC,DC	2.0~0.28	氟碱型高碱度焊剂,灰色球形颗粒,直流焊时焊丝接正极,最大焊接电流可达800A。电弧燃烧稳定,脱渣容易,焊缝成形美观。配合适当的焊丝有较高的低温冲击韧性。当焊丝可焊接多种合金结构钢,较高强度船用钢、锅炉压力容器用钢,常用于多道焊、双面单道焊,多丝焊和窄间隙埋弧焊	(300~350)℃×2h
		H08MnA、H08Mn-MoA、H08Mn2MoA 等	—	—	—	—				
7	SJ201	H10Mn2	480~650	≥380	≥22	≥27(-40℃)	DC	2.0~0.28	铝碱型焊剂,为深灰色球形颗粒。最大焊接电流为700A,直流焊接时,焊丝接正极。电弧稳定,焊缝成形美观,具有优良的脱渣性,焊缝金属具有较高的冲击韧性。适合的焊丝可焊接多种合金钢结构,特别适合焊接厚板窄坡口、窄间隙焊等结构	(300~350)℃×2h
		H08MnA、H08Mn-2MoA 等	—	—	—	—				
8	SJ202	H3C2W8、H3Cr-2W8V、H30CrMnSi	—	—	—	—	DC	2.0~0.28	高铝型焊剂,灰色颗粒,焊缝成形美观,焊接工艺性能优良,脱渣容易,有较高的耐冷热疲劳,抗高温氧化和耐磨性能。配合适当的焊丝,堆焊金属抗高温氧化、抗高温耐磨、抗冲击等性能,低于600℃的焊接,适用于各种料种的堆焊,如高炉料钟、轧辊等。焊接时应预热,焊后进行去应力处理	(300~350)℃×(1~2h)

序号	牌号	配用焊丝	抗拉强度/MPa	屈服强度/MPa	伸长率/%	冲击功/J	电流种类	焊剂粒度/mm	特点及用途	烘焙温度
9	SJ203	D12Cr13 焊带	—	—	—	—	DC	2.0~0.28	高铝型焊剂,其碱度值约为 1.3,红褐色或灰褐色球形颗粒,焊接工艺性能优良,配合相应的焊带进行堆焊,堆焊层具有较好的综合性能,热处理后硬度约为 32HRC。用于堆焊连铸辊等耐磨件	250℃×2h
10	SJ301	H08A	460~560	≥360	≥24	≥34 (-20℃)	DC	2.0~0.28	钙硅型中性焊剂,碱度值为 1.0,黑色球形颗粒,焊接时焊丝接正极,最大电流可达 1200A,电弧燃烧稳定,脱渣容易,焊缝成形美观。配合 H08MnA 等焊丝可焊普通结构钢、锅炉用钢、管线用钢等,常采用多丝快速焊,特别适用于双面单道焊、焊接大直径管时,焊道平滑过渡;由于熔渣具有"短渣"性质,焊接小直径的环缝时,也无熔渣下淌现象,特别适合焊环缝	(300~350)℃×2h
10	SJ301	H08MnA	530~630	≥400	≥24	≥34 (-20℃)	DC	2.0~0.28		(300~350)℃×2h
10	SJ301	H08MnMoA	600~700	≥480	≥24	≥34 (-20℃)	DC	2.0~0.28		(300~350)℃×2h
11	SJ302	H08A	460~560	≥360	≥24	≥34 (-20℃)	AC,DC	2.0~0.28	钙硅型中性焊剂,碱度值为 1.0,黑色球形颗粒,焊接时焊丝接正极,焊接工艺性能良好、电弧稳定,焊缝成形美观,脱渣性优于 SJ301,焊缝韧性好、焊渣"短渣"性质好;焊剂具有较好的抗裂性,焊缝颗粒松装比小,焊接时耗用量少。可焊接普通结构钢、锅炉压力容器用钢,管道用钢等,也可用于高速焊和角缝焊	(300~350)℃×2h
11	SJ302	H08MnA	530~630	≥400	≥24	≥34 (-20℃)	AC,DC	2.0~0.28		(300~350)℃×2h
11	SJ302	H08MnMoA	600~700	≥480	≥24	≥34 (-20℃)	AC,DC	2.0~0.28		(300~350)℃×2h

（续）

序号	焊剂牌号	配用焊丝	熔敷金属的力学性能				适用电源种类①	焊剂粒度/mm	特点及用途	烘干条件
			R_m/MPa	$R_{p0.2}$/MPa	A(%)	KV_2/J				
12	SJ303	D022Cr25Ni12、D022Cr21Ni10（焊带宽度≤75mm）	—	—	—	—	DC	2.0~0.28	硅钙型带极埋弧堆焊用焊剂,碱度值为1.0,焊带接正极,电弧燃烧稳定,易脱渣,焊道平整光滑。该焊剂的显著特点是铬烧损少(≤1.2%),增碳少(≤0.008%),特别适于堆焊超低碳不锈钢,常用于堆焊耐蚀奥氏体不锈钢	（300~350）℃×2h
13	SJ401	H08A	410~550	≥330	≥22	≥27(0℃)	AC、DC	2.0~0.28	硅锰型酸性焊剂,灰褐色到黑色球形颗粒,直流时焊丝接正极,焊接工艺性能良好,具有较强的抗气孔能力。可焊接低碳钢及某些低合金结构,用于机车车辆、矿山机械等金属结构的焊接	250℃×2h
14	SJ402	H08A	410~550	≥330	≥22	≥27(0℃)	AC、DC	2.0~0.28	锰硅型酸性焊剂,碱度值为0.7,球形颗粒,焊接工艺性能优良,电弧稳定,脱渣容易,焊缝成形美观。对焊接处的铁锈、氧化皮、油迹等污物不敏感,是一种有抗锈焊剂。焊剂具有良好的抗潮性,焊接时耗用量少。适合焊接薄钢板及中等厚度钢板,尤其适于焊接低碳钢丝的高速焊及配合H08A焊丝可焊接低碳钢的钢及某些低合金结构,如机车车辆、金属梁柱、管线等	（300~350）℃×2h

序号	牌号	配用焊丝	抗拉强度	屈服强度	伸长率	冲击功	电流种类	颗粒度	特点及用途	烘焙
15	SJ403	H08A	410~550	≥330	≥22	≥27(0℃)	AC、DC	2.0~0.28	硅锰型酸性耐磨堆焊专用焊剂,黑灰色球形颗粒,焊接工艺性能良好,电弧稳定,脱渣容易,焊缝成形美观,氧化皮、铁锈,均匀。颗粒强度好,对铁锈、氧化皮等杂质不敏感,具有较强的抗锈性能。配合YD137药芯焊丝可焊接修复大型推土机的引导轮、承重轮;也可配合H08A焊丝焊接普通结构钢和某些低合金钢	(300~350)℃×2h
		YD137药芯焊丝等	—	—	—	—				
16	SJ501	H08A	410~550	≥330	≥22	≥27(0℃)	AC、DC	2.0~0.28	铝钛型酸性焊剂,碱度值为0.5~0.8,褐色颗粒,直流焊时焊丝接正极,最大焊接电流可达1000A;电弧燃烧稳定,脱渣性好,焊缝成形美观,焊剂有较强的抗气孔能力,对少量的铁锈及高温氧化皮不敏感。可焊接低碳钢及某些低合金钢(Q345、Q390)结构,船舶等;可用于多丝快速焊、焊速可达70m/h,特别适用于双面单道焊	(300~350)℃×2h
		H08MnA等	—	—	—	—				
17	SJ502、SJ504	H08A	480~650	≥400	≥22	≥27(0℃)	AC、DC	2.0~0.28(SJ504粒度为1.45~0.28)	铝钛型酸性焊剂,灰褐色圆形颗粒,直流焊时焊丝接正极,电弧稳定,脱渣容易,焊接工艺性能良好,焊缝成形美观。配合H08A焊丝,可焊接重要的低碳钢及某些低合金钢结构,如锅炉、压力容器等;焊接速度可达70m/h以上(压力容器、炉膜式水冷壁时,焊接速度可达70m/h以上,效果良好)	300℃×1h

（续）

序号	焊剂牌号	配用焊丝	熔敷金属的力学性能				适用电源种类①	焊剂粒度/mm	特点及用途	烘干条件
			R_{m}/MPa	$R_{p0.2}$/MPa	A(%)	KV_{2}/J				
18	SJ503	H08MnA	480~650	≥380	≥22	≥27(-30℃)	AC, DC	2.0~0.28	铝钛型酸性焊剂，黑色圆形颗粒，最大焊接时焊丝接工艺性能优良，直流焊接可达1200A，焊接工艺性能优良，电弧稳定，对少量铁粉、氧化皮等不敏感，抗气孔能力强，脱渣性良好，颗粒度高，松装比小，抗吸潮性优于SJ501；焊缝成形美观，其抗裂性能优于配用焊丝具有良好的低温韧性。适当配合适用焊丝，可用于焊接碳素结构钢、船用钢等。适用于船舶、桥梁、压力容器等产品，尤其是中、厚板的焊接	(300~350)℃×2h
		H08A 等	—	—	—	—				
19	SJ521	3Cr2W8	堆焊层硬度为 50~62HRC				—	—	是一种供埋弧堆焊用的陶质堆焊剂，脱渣性好，堆焊金属成形美观，即使在刚度较大的工件上堆焊，也可获得无裂纹的堆焊层。50~62HRC，抗冲击工作温度低于600℃的各种要求耐磨、抗冲击工作面的堆焊，如高炉料种、轧辊等	—
20	SJ522	H08A、3Cr2W8V 等	—	—	—	—	—	—	陶质型中性偏碱低温烧结焊剂，呈灰黑色粉末状。电弧稳定，脱渣性好，壳外层好，在250~300℃条件下堆焊，渣壳可以自动脱落，并具有优良自动堆焊抗热裂纹性能。焊缝成形好，适于丝堆埋弧焊，容易获得30~62HRC的堆焊层，配合H08A焊丝（大直径）可获得30~45HRC的堆焊层，例如45钢1.7m助卷轧辊（锻、铸件）的堆焊，工件具有增碳和物渗的堆焊层，由于焊剂具有增碳作用，或高炉料种堆焊，在高温500~600℃工作时，堆焊层硬度可达400HV。施焊时应预热，焊后需进行去应力处理	(300~350)℃×2h

序号	牌号	配用焊丝				电流	用途	烘干温度
21	SJ523	H08A、H08MnA	—	—	—	AC、DC	用于低碳钢或普通低合金钢的陶质型焊剂,在一般场合可代替熔炼焊剂431和430,电弧稳定性好,脱渣性好,焊缝成形美观,具有较好的抗锈性能。用于低碳钢的埋弧焊	—
22	SJ524	D00Cr20Ni10焊带	—	—	—	DC	用于超低碳不锈钢带极埋弧焊的陶质型焊剂,配合D022Cr20Ni10焊带进行过渡层和不锈钢的堆焊,电弧稳定,渣壳可自动脱落,焊缝成形美观,当焊带碳含量为0.02%~0.025%(质量分数)时,堆焊金属可达到基本不增碳,因此堆焊金属具有优良的耐晶间腐蚀性能和脆化性能。用于石油化工容器、反应器等内壁的衬里。带极堆焊,采用直流反接,层间温度控制在150℃以下	(300~400)℃×(1~2h)
23	SJ570	无氟铜焊丝	—	—	—	DC	低硅高氟陶质型焊剂,呈灰黑色颗粒状,碱度较高,脱氧、硫性能好,焊缝金属含量低,焊渣密度小,熔点较低,扩散氢含量≤4mL/100g(色谱法)。可用于20mm以下无氟铜板材埋弧焊,如直线加速器腔体的焊接等	(300~350)℃×2h

（续）

序号	焊剂牌号	配用焊丝	熔敷金属的力学性能				适用电源种类①	焊剂粒度/mm	特点及用途	烘干条件
			R_m/MPa	$R_{p0.2}$/MPa	A(%)	KV_2/J				
24	SJ601	H06Cr21Ni10	≥500	≥320	≥35	≥27(20℃)	DC	2.0~0.28	焊接不锈钢和高合金热强钢的专用碱性焊剂,碱度值约为1.8,为细颗粒焊剂,焊丝接正极。焊接金属纯净,有害元素含量低,焊接工艺性良,坡口内脱渣容易,焊缝成形美观。焊接不锈钢时,几乎不增碳,具有铬烧损少的特点。可焊接不锈钢及高合金耐热钢,特别适用于低碳和超低碳的焊接,焊接接头具有良好的耐晶间腐蚀性能	(300~350)℃×2h
		H022Cr21Ni10、H022Cr19Ni12Mo2 等	—	—	—	—				
25	SJ602	H022Cr24Ni12、H022Cr20Ni10Nb、H022Cr19Ni12Mo2 等	—	—	—	—	DC	—	带极电渣堆焊用焊剂,为细粉状颗粒,电渣堆焊,采用平特性直流电源堆焊,电弧稳定,快速脱渣,焊道成形美观,焊道间搭接处熔合良好,具有不增碳、铬烧损少的特点,适用于30~70mm宽的焊带进行电渣堆焊,可用于核容器、加氢反应器及压力容器等耐蚀不锈钢的堆焊	(300~350)℃×2h
26	SJ603	3Cr2W8、30CrMnSi	—	—	—	—	—	1.6~0.25	丝极埋弧堆焊用焊剂,灰白色颗粒,电弧稳定,脱渣性好,堆焊金属成形美观。可用于工作温度低于600℃的无裂纹堆焊层。适用于要求硬度为50~60HRC的各种堆焊,抗冲击的工作表面堆焊,如高冷料钟、轧辊等	—

序号	牌号	配用焊丝					电流种类	颗粒度	特点及用途	烘焙
27	SJ604	H08A、H08MnA 等	—	—	—	—	AC、DC	根据用户要求	快速焊接用焊剂，浅褐色颗粒，焊接工艺性能良好，易脱渣，焊缝成形美观。配合相应焊丝对低碳钢薄板焊接，焊速可达70m/h左右，适用于低碳薄壁瓶及受压钢管道的焊接	—
28	SJ605	H10MnNiMoA	550~690	≥460	≥20	≥27 (-20℃)	DC	1.6~0.25	高碱度焊剂，碱度值为3.5，灰白色颗粒，采用直流反接电源，电弧稳定，脱渣容易，有较好的低温韧性。配合相应焊丝，核电15MnNi钢，核Ⅱ级A5083、S271钢厚壁容器和锅炉压力容器制造	(350~400)℃×2h
		H10MnNiA	—	—	—	—				
29	SJ606	308L、309L 焊带	—	—	—	—	DC	1.6~0.25	用于大型超低碳不锈钢带极埋弧堆焊的焊剂，灰白色颗粒，电弧稳定，渣壳可自动脱落，焊缝成形美观，堆焊金属具有优良的耐晶间腐蚀性能和脆化性能。可用于石油化工容器、300MW、600MW核电机组、也可用于核电蒸发器、20MnMo管板镍件上堆焊，压力壳内壁耐蚀的衬里带极堆焊，稳压器、加热器、采用直流电源反接，间温度控制在150℃以下	(350~400)℃×2h
30	SJ607	适当焊丝	最高堆焊层硬度≥65HRC				AC、DC	2.0~0.28	碱性焊剂，灰黄色圆形颗粒，具有良好的工艺性能。直流焊接时，焊丝接正极，药芯焊带可堆焊水泥破碎辊等耐磨产品。配合适当的产品	(300~350)℃×2h

（续）

序号	焊剂牌号	配用焊丝	熔敷金属的力学性能				适用电源种类①	焊剂粒度/mm	特点及用途	烘干条件
			R_m/MPa	$R_{p0.2}$/MPa	A(%)	KV_2/J				
31	SJ608、SJ608A	H06Cr21Ni10、H06Cr21Ni10Ti 等	—	—	—	—	AC、DC	2.0~0.28	焊接奥氏体不锈钢的专用碱性焊剂，浅绿色圆形颗粒，直流焊时焊丝接正极，具有良好的焊接工艺性能。焊缝成形美观，电弧燃烧稳定，易脱渣，焊接接头具有良好的低温冲击韧性。焊接奥氏体间腐蚀性能和低温应性。可焊接奥氏体不锈钢及相应级别用钢结构，配用的低温钢及船用的低温碳钢也可焊接超低碳不锈钢结构	(300~350)℃×2h
32	SJ671	含 Ti、B 无氧铜焊丝	—	—	—	—	DC	—	低硅高氟高温结焊剂，焊剂在650~850℃烧结成形，白色颗粒，碱度高，抗热裂性好、脱氧、硫性能好，焊缝金属含氢量低（与母材无氧铜相同），焊缝金属扩散氢含量≤0.5mL/100g（甘油法）。焊点低，焊渣密度小，配合含 Ti、B 无氧铜焊丝，可用于20~40mm无氧铜中厚板直线加速器壳体埋弧焊，焊丝接正极	400℃×2h
33	SJ701	H06Cr21Ni10Ti、H06Cr21Ni10 等奥氏体不锈钢焊丝	—	—	—	—	AC、DC	2.0~0.28	钛碱型焊剂，碱度值约为1.3，焊剂为含灰色颗粒，直流焊接时焊丝接正极。用于含钛不锈钢焊接时易脱渣，焊剂具有较强的抗气孔能力和合金化能力，焊接时钛等有益元素烧损少，特别适于07Cr19Ni11Ti 含钛不锈钢的焊接	(300~400)℃×2h

① AC 为交流电源，DC 为直流电源。

3.3.4 气焊熔剂的牌号

气焊熔剂的牌号表示方法如下：符号"CJ"表示气焊熔剂，其后第一位数字表示气焊熔剂的用途及适用材料，见表 3-40，第二、第三位数字表示同一类型气焊熔剂的不同编号。

表 3-40 常用气焊熔剂的牌号及适用材料

牌号	名称	适用材料
CJ1××	不锈钢及耐热钢气焊熔剂	不锈钢及耐热钢铸铁
CJ2××	铸铁气焊熔剂	
CJ3××	铜及铜合金气焊熔剂	铜及铜合金
CJ4××	铝及铝合金气焊熔剂	铝及铝合金

气焊熔剂牌号示例：

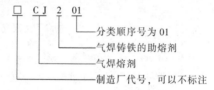

分类顺序号为 01
气焊铸铁的助熔剂
气焊熔剂
制造厂代号，可以不标注

3.3.5 气焊熔剂的用途

1. 常用气焊熔剂的化学成分、用途及焊接注意事项 （表 3-41）

表 3-41 常用气焊熔剂的化学成分、用途及焊接注意事项

牌号	名称	熔点/℃	熔剂成分（质量分数,%）	用途及性能	焊接注意事项
CJ101	不锈钢及耐热钢气焊熔剂	900	瓷土粉 30,大理石 28,钛白粉 20,低碳锰铁 10,硅铁 6,钛铁 6	焊接时有助于焊丝的润湿作用,能防止熔化金属被氧化,焊后覆盖在焊缝金属表面的熔渣易去除	1）焊前将施焊部位擦刷干净 2）焊前将熔剂用密度为 1.3g/cm³ 的水玻璃均匀搅拌成糊状 3）用刷子将调好的熔剂均匀地涂在焊接处反面,厚度不小于 0.4mm,焊丝上也涂上少许熔剂 4）涂完后约隔 30min 施焊

（续）

牌号	名称	熔点/℃	熔剂成分 （质量分数,%）	用途及性能	焊接注意事项
CJ201	铸铁气焊熔剂	650	H_3BO_3 18, Na_2CO_3 40, $NaHCO_3$ 20, MnO_2 7, $NaNO_3$ 15	有潮解性,能有效地驱除铸铁在气焊过程中产生的硅酸盐和氧化物,有加速金属熔化的功能	1）焊前将焊丝一端煨热沾上熔剂,在焊接部位红热时撒上熔剂 2）焊接时不断用焊丝搅动,使熔剂充分发挥作用,焊渣容易浮起 3）如果焊渣浮起过多,可用焊丝将焊渣随时拨去
CJ301	铜气焊熔剂	650	H_3BO_3 76 ~ 79, $Na_2B_4O_7$ 16.5 ~ 18.5, $AlPO_4$ 4 ~ 5.5	纯铜及黄铜气焊或钎焊助焊剂,能有效地溶解氧化铜和氧化亚铜,焊接时呈液体熔渣覆盖于焊缝表面,防止金属氧化	1）焊前将施焊部位擦刷干净 2）焊接时将焊丝一端煨热,沾上熔剂即可施焊
CJ401	铝气焊熔剂	560	KCl 49.5 ~ 52, NaCl 27 ~ 30, LiCl 13.5 ~ 15, NaF 7.5 ~ 9	铝及铝合金气焊熔剂,起精炼作用,也可用作气焊铝青铜熔剂	1）焊前将焊接部位及焊丝洗刷干净 2）焊丝涂上用水调成糊状的熔剂,或焊丝一端煨热沾取适量的干熔剂立即施焊 3）焊后必须将焊件表面的熔剂熔渣用热水洗刷干净,以免引起腐蚀

2. 常用气焊熔剂的经验配方（表 3-42）

表 3-42 常用气焊熔剂的经验配方

序号	熔剂成分(质量分数,%)									备注
	冰晶石	NaF	CaF₂	NaCl	KCl	BaCl₂	LiCl	硼砂	其他	
1	—	7.5~9	—	27~30	49.5~52	—	13.5~15	—	—	CJ401
2	—	—	4	19	29	48	—	—	—	
3	30	—	—	30	40	—	—	—	—	
4	20	—	—	—	40	40	—	—	—	
5	—	15	—	45	30	—	10	—	—	
6	—	—	—	27	18	—	—	14	KNO₃41	
7	—	20	—	20	40	20	—	—	—	
8	—	—	—	25	25	—	—	40	Na₂SO₄10	
9	4.8	—	14.8	—	—	33.3	19.5	MgCl₂ 2.3	MgF₂24.8	
10	—	LiF15	—	—	—	70	15	—	—	
11	—	—	—	9	3	—	—	40	K₂SO₄20 KNO₃28	
12	4.5	—	—	40	15	—	—	—	—	
13	20	—	—	30	50	—	—	—	—	

3.4 钎料及钎剂

3.4.1 钎料的分类

钎料通常按其熔化温度范围分类，熔化温度低于 450℃ 的称为软钎料，高于 450℃ 的称为硬钎料。各类钎料的熔化温度范围见表 3-43。

表 3-43 各类钎料的熔化温度范围

软钎料		硬钎料	
组成	熔点范围/℃	组成	熔点范围/℃
Zn-Al 钎料	380~500	镍基钎料	780~1200
Cd-Zn 钎料	260~350	钯钎料	800~1230
Pb-Ag 钎料	300~500	金基钎料	900~1020

（续）

软钎料		硬钎料	
组成	熔点范围/℃	组成	熔点范围/℃
Sn-Zn 钎料	190~380	铜钎料	1080~1130
Sn-Ag 钎料	210~250	黄铜钎料	820~1050
Sn-Pb 钎料	180~280	铜磷钎料	700~900
Bi 基钎料	40~180	银钎料	600~970
In 基钎料	30~140	铝基钎料	460~630

3.4.2 钎料的型号和牌号

GB/T 6208—1995《钎焊型号表示方法》虽然已经废止，但钎料型号编制方法目前在国家标准中尚不统一，技术人员在工作中仍沿用 GB/T 6208—1995 中钎料型号的编制方法，其规定如下：

1）钎料型号由两部分组成，两部分之间用短划"-"分开。

2）第一部分用一个大写的英文字母表示钎料的类型，"S"表示软钎料，"B"表示硬钎料。

3）第二部分由主要合金组分的化学元素符号组成。第一个化学元素符号表示钎料的基本组成，其他组分的化学元素符号按其质量分数（%）顺序排列。如果多个元素的质量分数相同，就按其原子序数排列，每个型号最多标出 6 个化学元素符号。

4）对于软钎料，应在每一个化学元素符号后标出其质量分数。

5）对于硬钎料，应在第一个元素符号后标出其质量分数。

6）所有的质量分数取整数，误差不超出±1%。若其元素质量分数仅规定最低时，应取整数。

7）如果某元素的质量分数小于1%，一般在型号中不再标出。但关键组分必须按如下规定标出：软钎料型号中可仅标出其元素符号，如果是硬钎料，还要用括号将该元素符号括起来。

8）末尾加一个大写英文字母表示其级别或使用行业等区别，常用"V"表示真空级钎料，"R"表示既可做钎料又可做气焊焊丝的铜锌合金，"E"表示电子行业用软钎料，这一大写英文字母前也需要加"-"分隔号。

示例：

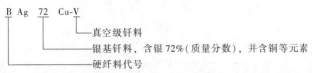

原机械工业部编写的《焊接材料产品样本》（1997）和原冶金部均规定过钎料牌号的编制方法，人们长期使用已成为习惯。

1. 第一类钎料牌号编制方法

1）牌号最前面标注大写英文字母"HL"或"料"，用以表示钎料。

2）牌号后面一般有三位阿拉伯数字，第一位数字表示钎料的化学组成类型，见表3-44。

3）第二、三位阿拉伯数字表示同一类钎料的不同牌号。

表 3-44　钎料牌号中第一位数字的含义

牌号	化学组成类型	牌号	化学组成类型
HL1××（料 1××）	铜锌合金	HL5××（料 5××）	锌合金
HL2××（料 2××）	铜磷合金	HL6××（料 6××）	锡铅合金
HL3××（料 3××）	银合金	HL7××（料 7××）	镍基合金
HL4××（料 4××）	铝合金		

第一类钎料牌号示例：

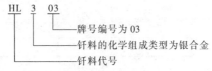

2. 第二类钎料牌号编制方法

1）牌号最前面标注大写英文字母"HL"，用以表示钎料。

2）"HL"后用两个化学元素符号表明钎料的主要组成。

3）第一个元素的质量分数不用标出。

4）第二个元素的质量分数用一组数字标出。

5）如果钎料中还有其他元素，应紧接着标出其质量分数，其前面用短划"-"分隔。

第二类钎料牌号示例：

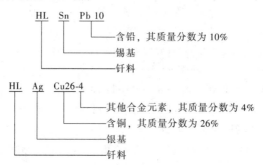

3.4.3 钎剂的分类

钎剂的分类见表 3-45。

表 3-45 钎剂的分类

钎剂大类	钎剂小类	物质分类	物质组成
软钎剂	无机软钎剂（腐蚀性钎剂）	无机酸	盐酸、氢氟酸、磷酸
		无机盐	氯化锌、氯化铵、氯化锌-氯化铵
	有机软钎剂（弱腐蚀和无腐蚀）	弱有机酸	乳酸、硬脂酸、水杨酸、油酸
		有机胺盐	盐酸苯胺、磷酸苯胺、盐酸肼、盐酸二乙胺
		胺和酰胺类	尿素、乙二胺、乙酰胺、二乙胺、三乙醇胺
		天然树脂	松香、活化松香
硬钎剂		硼砂或硼砂基	
		硼酸或硼酐基	
		硼砂-硼酸基	
		氟盐基	
铝用钎剂	铝用软钎剂	铝用有机软钎剂（QJ204）	
		铝用反应钎剂（QJ203）	
	铝用硬钎剂	氯化物	
		氧化物-氟化物	
		氟化物	

（续）

钎剂大类	钎剂小类	物质分类	物质组成
气体钎剂	炉中钎焊用气体钎剂	活性气体	氯化氢、氟化氢、三氟化硼
		低沸点液态化合物	三氯化硼、三氯化磷
		低升华固态化合物	氟化铵、氟硼酸铵、氟硼酸钾
	火焰钎焊用气体钎剂（硼有机化合物蒸气）	硼酸甲酯蒸气	
		硼甲醚酯蒸气	

3.4.4 钎剂的型号和牌号

硬钎焊用钎剂型号由字母"FB"和根据钎剂的主要组分划分的四种代号"1，2，3，4"及钎剂顺序号表示；型号尾部分别用大写字母"S"（粉末状、粒状）、"P"（膏状）、"L"（液态）表示钎剂的形态。钎剂主要化学组分的分类见表3-46。

表 3-46 钎剂主要化学组分的分类

钎剂主要组分分类代号	钎剂主要组分	钎焊温度/℃
1	硼酸+硼砂+氟化物≥90%	550～850
2	卤化物≥80%	450～620
3	硼砂+硼酸≥90%	800～1150
4	硼酸三甲酯≥60%	>450

钎剂型号示例：

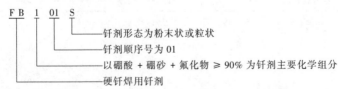

钎剂牌号前加字母"QJ"表示钎焊熔剂；牌号第一位数字表示钎剂的用途，其中，1为银焊料钎焊用，2为钎焊铝及铝合金用；牌号第二、第三位数字表示同一类型钎剂的不同牌号。

钎剂牌号示例：

```
QJ 2 01
      └── 同一类型钎剂的不同牌号
    └──── 钎焊铝及铝合金用
  └────── 钎焊熔剂
```

3.4.5 钎料及钎剂的选用

钎料与母材的匹配及选用顺序见表 3-47。

表 3-47 钎料与母材的匹配及选用顺序

母材	铝基钎料	铜基钎料	银基钎料	镍基钎料	钴基钎料	金基钎料	钯基钎料	锰基钎料	钛基钎料
铜及铜合金	3	1	2	6	—	4	—	5	7
铝及铝合金	1	—	—	—	—	—	—	—	—
钛及钛合金	2	4	3	—	—	5	6	7	1
碳钢及合金钢	—	1	2	6	8	4	5	3	7
马氏体不锈钢	—	6	7	1	5	2	4	3	—
奥氏体不锈钢	—	3	7	1	6	5	4	2	—
沉淀硬化高温合金	—	2	8	1	3	4	5	6	7
非沉淀硬化高温合金	—	6	7	4	5	1	2	3	8
硬质合金及碳化钨	—	1	5	6	7	4	3	2	8
精密合金及磁性材料	—	2	1	6	7	3	5	4	8
陶瓷、石墨及氧化物	—	3	2	7	8	4	6	5	1
难熔金属	—	7	8	6	5	4	2	3	1
金刚石聚晶、宝石	—	8	6	4	5	1	2	7	3
金属基复合材料	1	4	3	8	9	5	6	7	2

注：本表中 1~9 表示由先到后的匹配及选用顺序。

第4章

焊条电弧焊

焊条电弧焊操作水平的高低主要体现在运条能力和熔池观察能力，具体内容如图4-1所示。

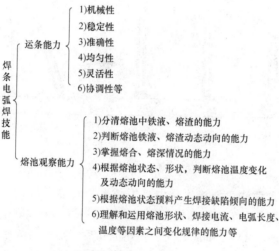

图 4-1　焊条电弧焊的技能

4.1　基本操作技术

4.1.1　引弧

引弧操作姿势如图4-2所示。常用的引弧方法有划弧法和敲击法两种，如图4-3所示。

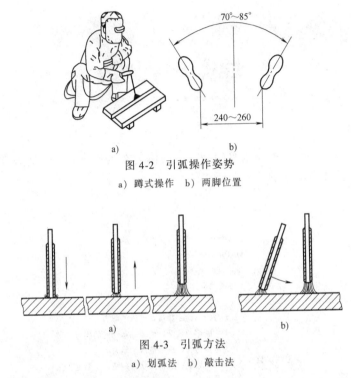

图 4-2 引弧操作姿势

a) 蹲式操作 b) 两脚位置

图 4-3 引弧方法

a) 划弧法 b) 敲击法

（1）划弧法 划弧法是先将焊条末端对准工件，然后像划火柴似的将焊条在工件表面轻轻划擦一下，引燃电弧。划动长度越短越好，一般在 15~25mm 之间。引燃电弧后，迅速将焊条提升到使弧长保持 2~4mm 高度的位置，并使之稳定燃烧；接着立即移到待焊处，先停留片刻起预热作用；再将电弧压短至略小于焊条直径，在始焊点做适量横向摆动，并在坡口根部稳定电弧，形成熔池后开始正常焊接。这种引弧方式的优点是电弧容易引燃，操作简便，引弧效率高。缺点是容易损坏工件的表面，造成工件表面划伤的痕迹，在焊接正式产品时很少采用。

（2）敲击法 敲击法引弧也称直击法引弧，常用于比较困难的焊接位置，工件污染较小。敲击法是将焊条末端垂直地在工件起焊处轻微碰击，引燃电弧。引燃电弧后，立即将焊条提起，使焊条末端与工件保持 2~4mm，从而使电弧稳定燃烧，后面的操作与划弧法基本相同。这种引弧方法的优点是不会造成工件表面划伤缺欠，又不受工件表面的大小及工件形状的限制，所以是正式生产时采用的主要引弧方法。缺点是受焊条端部的状况限制，引弧成功率低，焊条与工件往往要碰击几次才能使电弧引燃和稳定燃烧，操作不易掌握。敲击时如果用力过猛，药皮容易脱落，操作不当还容易使焊条粘于工件表面。

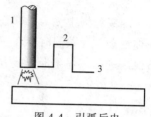

图 4-4 引弧后电
弧长度的变化
1、2、3—弧长变化顺序

两种引弧方法都要求引弧后，先拉长电弧，再转入正常弧长焊接，如图 4-4 所示。

引弧动作如果太快或焊条提得过高，不易建立稳定的电弧，或起弧后易于熄灭；引弧动作如果太慢，又会使焊条和工件粘在一起，产生长时间短路，使焊条过热发红，造成药皮脱落，也不能建立起稳定的电弧。

（3）焊缝接头处的引弧　对于焊缝接头处的引弧，一般采用划弧法和敲击法两种方法，如图 4-5 所示。

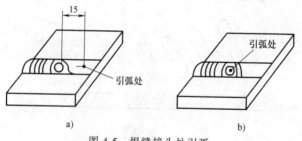

图 4-5 焊缝接头处引弧
a）划弧法　b）敲击法

采用上述两种方法，可以使焊缝接头处如图 4-6a 所示，符合

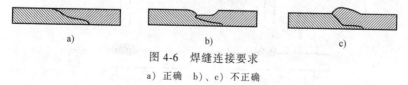

图 4-6 焊缝连接要求
a）正确　b）、c）不正确

使用要求。否则，极易出现图 4-6b 和图 4-6c 所示的情况，或者接头强度达不到使用要求，或者外形不美观并影响使用。

4.1.2 运条

焊接过程中，为了保证焊缝成形美观，焊条要做必要的运动，简称运条。运条同时存在三个基本运动，如图 4-7 所示：①焊条向熔池送进；②焊条沿焊接方向移动；③焊条横向摆动。

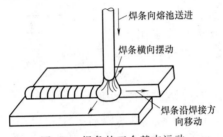

图 4-7 焊条的三个基本运动

1）焊条向熔池送进，是为了保持一定的弧长，弧长的变化直接影响熔深及熔宽。焊条送进速度应与焊条的熔化速度相适应，如图 4-8 所示。如果送进速度太慢，会使电弧逐渐拉长，直至断弧，

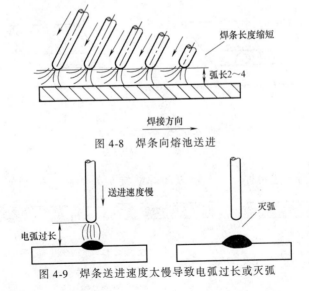

图 4-8 焊条向熔池送进

图 4-9 焊条送进速度太慢导致电弧过长或灭弧

如图 4-9 所示；如果送进速度太快，会使电弧长度迅速缩短，直至焊条与熔池发生接触短路，导致电弧熄灭，如图 4-10 所示。

2）焊条沿焊接方向移动，是为了使熔池金属形成焊缝，如图 4-11 所示。焊条向前移动的速度对焊缝成形的影响如图 4-12 所示。焊条向前移动的速度过快，会出现焊缝较窄、熔合不良的现象；焊条向前移动的速度过慢，会出现焊缝过高、过宽或烧穿的现象。焊条移动时，应与前进方向呈 65°~80° 的夹角，如图

图 4-10 焊条送进速度太快

4-13 所示，使熔化金属和熔渣推向后方。如果熔渣流向电弧的前方，会造成夹渣等缺欠。

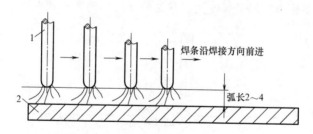

图 4-11 焊条沿焊接方向移动

1—焊条 2—工件

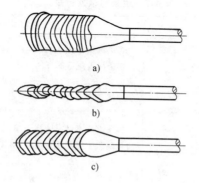

图 4-12 焊条移动速度对焊缝成形的影响

a）过慢 b）过快 c）正常

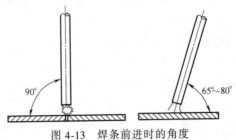

图 4-13 焊条前进时的角度

3）焊条横向摆动，是为了获得一定宽度的焊缝，如图 4-14 所示。工件越薄，摆动幅度应该越小，工件越厚，摆动幅度应该越大；I 形坡口摆动幅度稍小，V 形坡口摆动幅度较大；多层多道焊时，外层比内层摆动幅度大。常见的横向摆动方式见表 4-1。

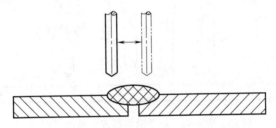

图 4-14 焊条横向摆动获得一定宽度的焊缝

表 4-1 运条时横向摆动方式

运弧方法	使用说明和应用范围
直线运弧法	焊条端头不做横向摆动，保持一定的焊接速度，且焊条沿着焊缝的方向前移。一般用于 I 形接头的薄板、不开坡口的对接平焊的焊接和多层多道焊或多层焊打底焊
直线往复形运弧法	焊条端头不做横向摆动，只沿着焊缝前进方向来回移动。主要用于薄板焊，对接平焊
锯齿形运弧法	焊条端头做锯齿形横向摆动，并在两侧稍作停留，根据熔池形状及熔孔大小来控制焊条的前进速度。适用于根部焊道和全位置焊接

（续）

运弧方法	使用说明和应用范围
 月牙形运弧法	焊条端头做月牙形横向摆动，并在焊缝两侧稍作停留，沿着焊缝方向前移。主要用于对接接头的平焊、立焊、仰焊、角接接头的立焊，小径管的电弧焊
 斜锯齿形运弧法	适用于横焊缝、平角焊、仰角焊、45°管焊缝的各层道焊接
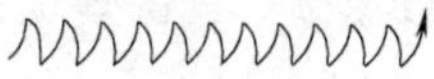 反月牙形运弧法	应用范围较广泛，适合各层次焊接运用，焊缝平滑，两侧无咬边。适用于对接接头的平焊、立焊、仰焊、角接接头的立焊，中小径管的电弧焊
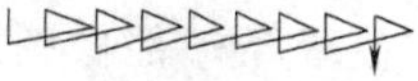 三角形运弧法	包括斜三角形运弧法、正三角形运弧法，适用于仰角焊、平角焊、立角焊，以及一些对接接头
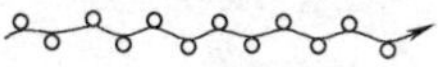 八字形运弧法	适用于对口间隙大的打底焊和较宽的一次盖面成形的双角鳞焊缝，即厚板件平焊对接接头
圆圈形运弧法　斜圆圈形运弧法　正圆圈形运弧法	包括斜圆圈形、正圆圈形运弧法。焊条端头沿着一定方向移动并做连续圆圈运动。斜圆圈形运弧法适用于平角焊、仰角焊、对接横焊，正圆圈形运弧法适用于平焊的填充和盖面的焊接
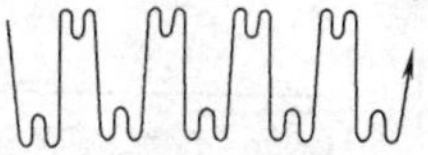 边缘停留运弧法	适用于开坡口的厚板对接接头，能保证焊件边缘得到充分加热，使之熔化均匀，保证熔透

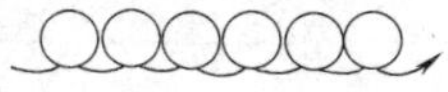

4.1.3 收弧

收弧也称熄弧。焊接过程中由于电弧的吹力，熔池呈凹坑状，并且低于已凝固的焊缝。焊接结束时，如果直接拉断电弧，会形成弧坑，产生弧坑裂纹和减小焊缝强度。在熄弧时，要维持正确的熔池温度，逐渐填满熔池。

1）采用外接收弧板的方法进行收弧，如图 4-15a 所示。

2）焊接比较薄的工件时，应在焊缝终端反复熄弧、引弧，直到填满弧坑，如图 4-15b 所示。

3）当采用碱性焊条焊接时，应采用回焊收弧法。即当电弧移到焊缝终端时做短暂的停留，但未熄弧，此时适当改变焊条角度，如图 4-15c 所示，由位置 1 转到位置 2，待填满弧坑后再转到位置 3，然后慢慢拉断电弧。

4）如果焊缝的连接方式是后焊焊缝从接头的另一端引弧，焊到前焊缝的结尾处时，焊接速度应略慢些，以填满焊缝的焊坑，然后以较快的焊接速度再略向前收弧，如图 4-15d 所示。

5）一般焊接较厚的工件收弧时，采用划圈收弧法。即电弧移到焊缝终端时，利用手腕动作（手臂不动）使焊条端部做圆圈运动，当填满弧坑后拉断电弧，如图 4-15e 所示。

6）利用电流自动衰减装置，使焊接电流逐渐减小直至灭弧，如图 4-15f 所示，也称熔池衰减法。

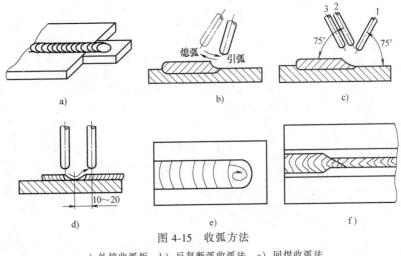

图 4-15　收弧方法

a）外接收弧板　b）反复断弧收弧法　c）回焊收弧法
d）焊缝接头收弧　e）划圈收弧法　f）熔池衰减法

4.1.4　焊缝连接

焊接时由于受焊条长度限制需用多根焊条焊接成一条焊缝，在焊缝连接时应选用恰当的方式。焊缝的连接方式见表4-2。

表 4-2 焊缝的连接方式

形式	图示	说明
头尾法	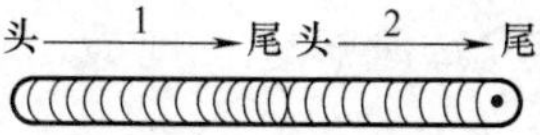 头 →1→ 尾头 →2→ 尾	后焊焊缝从先焊焊缝收尾处开始焊接。这种接头最好焊,操作适当时,几乎看不出接头。接头时在弧坑前10mm附近引燃电弧,当电弧长度比正常电弧稍长时,立即回移至弧坑2/3处,压低电弧,稍作摆动,再转入正常焊接向前移动,适用于单层焊及多层焊的表面接头
头头法	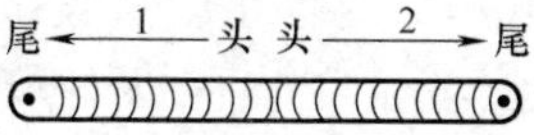 尾 ←1← 头头 →2→ 尾	端焊缝的起头处接在一起。要求先焊焊缝起头稍低,后焊焊缝应在先焊焊缝起头处前10mm左右引弧,然后稍拉长电弧,并将电弧移至接头处,覆盖住先焊焊缝的端部,待熔合好再向焊接方向移动
尾尾法	 头 →1→ 尾尾 ←2← 头	两段焊缝的收尾处接在一起,当后焊焊缝焊到先焊焊缝的收弧处时,应降低焊接速度,将先焊焊缝的弧坑填满后,以较快的速度向前焊一段,然后熄弧。为焊好接头,先焊焊缝的收尾处焊接速度要快一些,使焊缝较低,最好呈斜面,而且弧坑不能填得太满。如果先焊焊缝收尾处焊缝太高,为了保证接好头,可预先磨成斜面
尾头法	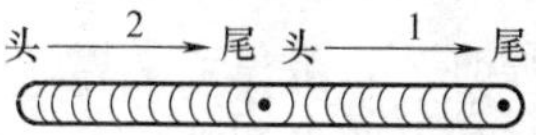 头 →2→ 尾头 →1→ 尾	后焊焊缝的收尾与先焊焊缝起头处连接。要求先焊焊缝起头处较低,最好呈斜面,后焊焊缝焊至先焊焊缝始端时,改变焊条的角度,将前倾改为后倾,使焊条指向先焊焊缝的始端,拉长电弧,待形成熔池后,再压低电弧,并往返移动,最后返回至原来的熔池处收弧

注:1—先焊焊缝,2—后焊焊缝。

4.1.5 长焊缝焊接

1. 交替焊法

选择焊件温度最低的位置进行焊接，使焊件温度分布均匀，有利于减小焊接变形，如图 4-16 所示。

2. 跳焊法

朝着一个方向进行间断焊接，每段焊缝长度为 200~250mm，如图 4-17 所示。

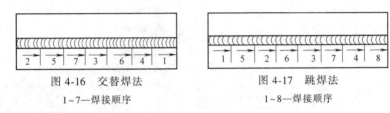

图 4-16　交替焊法　　　　　　　　图 4-17　跳焊法

1~7—焊接顺序　　　　　　　　　　1~8—焊接顺序

4.1.6 平焊

1. 平焊的特点

平焊时，熔滴金属由于重力作用向熔池自然过渡，操作技术简单，比较容易掌握。熔池金属和熔池形状容易保持，允许使用较大的焊条直径和焊接电流，生产率较高。但熔渣和液态金属容易混合在一起，较难分清，有时熔渣会超前形成夹渣。

2. 平焊操作要点

1）平焊一般采用蹲姿，且距工件的距离较近，有利于操作和观察熔池，两脚成 70°~80° 角，间距 250mm 左右，操作中持焊钳的胳膊可有依托或无依托。

2）正确控制焊条角度，使熔渣与液态金属分离，防止熔渣前流，尽量采用短弧焊接。搭接平焊时，为避免产生焊缝咬边、未焊透或焊缝夹渣等缺欠，应根据两板的厚薄来调整焊条的角度，同时电弧要偏向厚板一边，以便使两边熔透均匀。焊条倾角过大或过小都会使焊缝成形不良。对于不同厚度的 T 形、角接、搭接的平焊接头，在焊接时应适当调整焊条角度，使电弧偏向工件较厚的一侧，保证两侧受热均匀。搭接平焊的焊条角度如图 4-18 所示，对接平焊的焊条角度如图 4-19 所示，角接平焊的焊条角度如图 4-20 所示，T 形平焊的焊条角度如图 4-21 所示，船形平焊的焊条角度如图 4-22 所示。

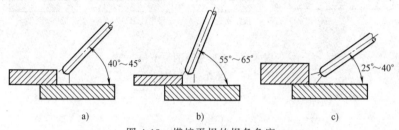

图 4-18　搭接平焊的焊条角度

a）两板厚度相同　b）下板较厚　c）上板较厚

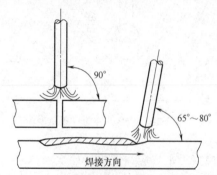

焊接方向

图 4-19　对接平焊的焊条角度

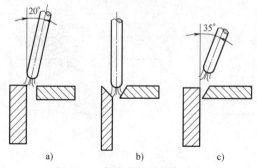

图 4-20　角接平焊的焊条角度

a）不开坡口　b）双边开坡口　c）单边开坡口

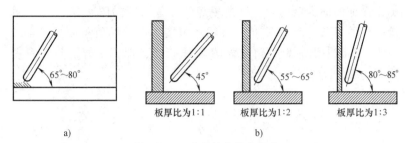

图 4-21　T 形平焊的焊条角度

a）主视图　b）左视图

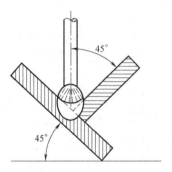

图 4-22　船形平焊的焊条角度

3）对于多层多道平焊应注意焊接层次及焊接顺序，如图 4-23
所示。

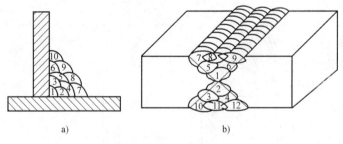

图 4-23　多层多道平焊的焊接层次及顺序

a）T 形角焊　b）双面开坡口填充焊

1~12—焊接顺序

4.1.7 立焊

1. 立焊的特点

立焊时，液态金属和熔渣因重力作用下坠，因此二者容易分离。然而当熔池温度过高时，容易形成焊瘤，焊缝表面不平整。对于 T 形接头的立焊，焊缝根部容易焊不透。立焊的优点是容易掌握焊透情况，焊工可以清晰地观察到熔池的形状和状态，便于操作和控制熔池。

2. 立焊操作要点

1）立焊操作时，为便于操作和观察熔池，焊钳握法有正握法和反握法两种，如图 4-24 所示。

2）立焊基本姿势有蹲姿和站姿两种。焊工的身体不要正对焊缝，要略偏向左侧，以使握钳的右手便于操作。

3）注意控制熔池温度。熔池呈扁平椭圆形（见图 4-25a），说明熔池温度合适；熔池的下方出现鼓肚变圆（见图 4-25b），说明熔池温度已稍高，应立即调整运条方法，使焊条在坡口两侧停留时间增加，加快中间过渡速度，并尽量缩短电弧长度。若不能把熔池恢复到扁平状态，而且鼓肚增大，则说明熔池温度已过高，应立即灭弧，使熔池冷却一段时间，待熔池温度下降后再继续焊接。尽量采用短弧焊接，有时要采用跳弧焊接来控制熔池温度。在跳弧焊接时，只将电弧拉长而不灭弧，使熔池表面始终得到电弧的保护。

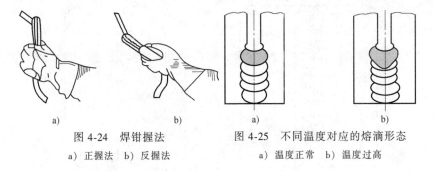

图 4-24 焊钳握法　　　　　图 4-25 不同温度对应的熔滴形态
a）正握法　b）反握法　　　　a）温度正常　b）温度过高

4）保持正确的焊条角度，一般应使焊条向下倾斜 60°~80°，电弧指向熔池中心。图 4-26 所示为对接接头立焊时焊条角度，

图 4-27 所示为 T 形接头立焊时焊条角度。

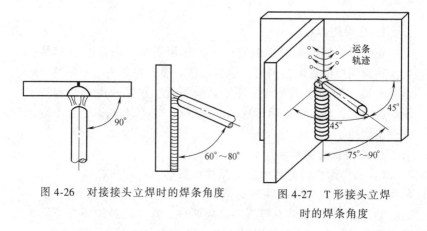

图 4-26 对接接头立焊时的焊条角度

图 4-27 T 形接头立焊
时的焊条角度

5）合理运条。对于不开坡口的对接立焊，由下向上焊时，可采用直线形、锯齿形、月牙形及跳弧法；开坡口的对接立焊常采用多层或多层多道焊，第一层常采用跳弧法或摆幅较小的三角形、月牙形运条；有时为了防止焊缝两侧产生咬边、根部未焊透等缺欠，电弧在焊缝两侧及坡口顶角处要有适当的停留，使熔滴金属充分填满焊缝的咬边部分。弧长尽量缩短，焊条摆动的宽度不超过焊缝要求的宽度。不同接头的立焊运条方法如图 4-28 所示。

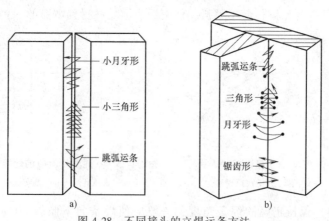

图 4-28 不同接头的立焊运条方法
a）开坡口对接接头 b）T 形接头

4.1.8 横焊

1. 横焊的特点

横焊时，熔化金属在重力作用下发生流淌，操作不当则会在上侧产生咬边，下侧因熔滴堆积而产生焊瘤或未焊透等缺欠。因此，开坡口的厚板多采用多层多道焊，较薄板横焊时也常采用多道焊。

2. 横焊操作要点

1）施焊时，应选择较小直径的焊条和较小的焊接电流，可以有效地防止熔化金属的流淌。焊条的倾斜以及上下坡口的角度影响，会造成上下坡口的受热不均匀。上坡口受热较好，下坡口受热较差，同时熔化金属因受重力作用下坠，极易造成下坡口熔合不良，甚至冷接。因此，应先击穿下坡口面，后击穿上坡口面，并使击穿位置相互错开一定距离（0.5～1 个熔孔距离），使下坡口面击穿熔孔在前、上坡口面击穿熔孔在后。

2）采用适当的焊条角度，以使电弧推力对熔滴产生承托作用，获得高质量的焊缝。图 4-29a 所示为不开坡口横焊时焊条角度，图 4-29b 所示为开坡口多层横焊的焊条角度和焊缝先后顺序。

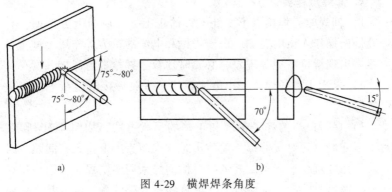

图 4-29 横焊焊条角度

a）不开坡口 b）开坡口

3）采用正确的运条方法。对于不开坡口的对接横焊，薄板正面焊缝选用往复直线式运条方法。较厚工件采用直线或斜环形运条方法，背面焊缝采用直线形运条。对于开坡口的对接横焊，若采用多层焊时，第一层采用直线形或往复直线形运条，其余各层采用斜环形运条。当熔渣超前或有熔渣覆盖熔池倾向时，采用拨渣运条法，如图4-30所示。

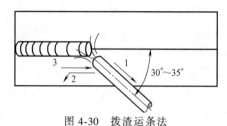

图 4-30　拨渣运条法

1—电弧的拉长　2—向后斜下方推渣　3—返回原处

4.1.9　仰焊

1. 仰焊的特点

仰焊时，熔池倒悬在工件下面，焊缝成形困难，容易在焊缝表面产生焊瘤，背面产生塌陷，还容易出现未焊透、弧坑凹陷现象，熔池尺寸较大，温度较高，清渣困难，有时易产生层间夹渣。

2. 仰焊操作要点

1）仰焊时，焊接点不要处于人的正上方，应为上方偏前，且焊缝偏向操作人员的右侧。由于焊枪和电缆的重力等作用，操作人员容易出现持枪不稳等现象，必要时须双手握枪进行焊接。

2）采用小直径焊条、小电流焊接，一般焊接电流在平焊与立焊之间。

3）保持适当的焊条角度和正确的运条方式，如图4-31所示。对于不开坡口的对接仰焊，间隙小时宜采用直线形运条，间隙大时宜采用往复直线形运条。开坡口对接仰焊采用多层焊时，第一层焊缝根据坡口间隙大小选用直线形或直线往复形运条方法，其余各层均采用月牙形或锯齿形运条方法。多层多道焊宜采用直线形运条。对于焊脚尺寸较小的T形接头采用单层焊，选用直线形运条方法；焊脚尺寸较大时，采用多层焊或多层多道焊，第一层宜选用直线形运条，其余各层可采用斜环形或三角形运条方法。

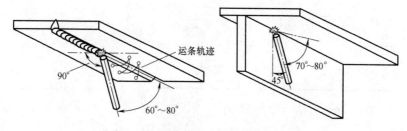

图 4-31 仰焊时的焊条角度和运条轨迹

4）多道焊时，除注意层间仔细清渣外，盖面道焊缝可按图 4-32 所示的顺序焊接。

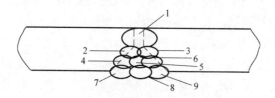

图 4-32 仰焊时的焊接顺序

1~9—焊接顺序

4.2 单面焊双面成形技术

单面焊双面成形是指焊工以特殊的操作方法在坡口一侧进行焊接后，在焊缝正、背面都能得到均匀整齐无缺欠的焊缝。它与双面焊相比，可省略翻转焊件和对背面清根等工作。

单面焊双面成形法如图 4-33 所示。该方法是一种强制反面成形的焊接方法，可借助在接缝处反面衬上一块纯铜垫板而达到反面成形的目的。单面焊双面成形常用的坡口形式如图 4-34 所示。

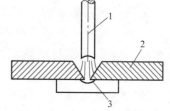

图 4-33 单面焊双面成形法

1—焊条 2—焊件 3—纯铜垫板

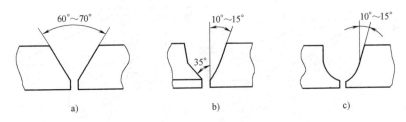

图 4-34　单面焊双面成形常用的坡口形式

a) Ⅰ类　b) Ⅱ类　c) Ⅲ类

1. 打底层焊接

在定位焊缝上划擦引弧，再沿直线运条至定位焊缝与坡口根部相接处，以稍长的电弧在该处摆动两三个来回进行预热，然后压低电弧（弧长约为 2mm），听到"噗噗"的电弧穿透坡口发出的声音，同时还看到坡口两侧、定位焊缝与坡口根部相接金属开始熔化，形成第一个熔池并有熔孔。焊条与焊接方向的夹角为 30°~50°，

与两侧工件夹角为 90°，如图 4-35 所示。此时立即将电弧熄灭，熔池温度瞬间下降，通过护目镜可清楚地看见金属熔池迅速凝固，当亮点缩小到焊条直径大小时（此时熔池金属尚有约 1/3 未凝固），在亮点的中心处

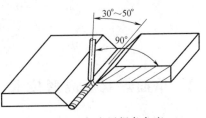

图 4-35　打底层焊条角度

重新引燃电弧。这样电弧的一部分将前方坡口完全熔化，电弧的另一部分将已凝固熔池的一部分重新熔化，形成另一个新熔池和熔孔，听到"噗噗"声后再立即熄灭电弧，如图 4-36 所示。这样周而复始，直至焊完打底焊。打底层焊接电弧移动轨迹如图 4-37 所示。

2. 填充层焊接

焊接单面焊双面成形填充层时，焊条除了向前移动外，还要横向摆动。在摆动过程中，焊道中央移弧要快，电弧在两侧时稍作停

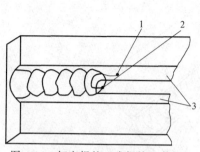

图 4-36 打底焊的正式焊接（俯视）
1—划擦引弧点 2—加热点 3—坡口面

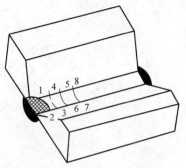

图 4-37 电弧移动轨迹
1~8—电弧移动顺序

留，使熔池左右侧温度均衡，两侧圆滑过渡。在距离焊缝端头10mm 左右处引弧，将电弧拉长并移到端头处压低电弧施焊，做锯齿形横向摆动运条，以保证熔池及坡口两边温度均衡，并有利于良好的熔合及排渣。焊条角度为 50°~60°，目的是为了控制焊接温度。

运条时采用小锯齿灭弧法，根据熔池温度、形状、两侧熔合情况等合理选择接弧位置、接弧时机、时间三者的关系，按一定的节奏，即引弧→焊接→灭弧→引弧……做到"稳、准、活、短"。"稳"就是灭弧后焊条在空中要稍微稳定一下，且回焊引弧和焊接过程要稳；"准"就是按所选定的接弧位置准确地引弧，摆动的宽度和焊接的时间把握准；"活"就是靠手腕的力量来摆动焊钳和焊条，灵活自如，灭弧利落干净；"短"就是灭弧与重新引燃电弧之间的时间间隔要短。时间间隔过长，熔池温度过低，熔池存在的时间较短，冶金反应不充分，容易造成气孔、夹渣等缺陷；时间间隔过短，熔池温度过高，会使背面焊缝余高过大，甚至出现焊瘤或烧穿等缺欠。焊缝接头处的运条方法如图 4-38 所示，在 1 点进行引弧，3 点为焊条接引弧点位置，然后由 3 至 2，焊条沿熔池的后部边缘一带而过，再由 2→3→4→5，焊条快速横向左右摆动，再由5→6→7 进入正常焊接。

填充层焊接时的运条速度一定要均匀。焊条要始终保持在坡口

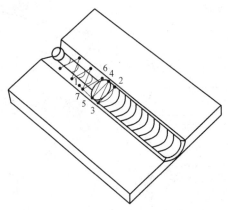

图 4-38　焊缝接头处的运条方法

内运动，保证焊缝宽度不变。焊条的横向摆动速度一定要始终保持焊缝的中间快、两侧稍停顿的频率，使熔池形状呈椭圆形。

填充层焊缝成形的高度如图 4-39 所示。

3. 盖面层焊接

盖面层焊接和填充层焊接相似，在焊接过程中，焊条角度应尽可能与焊缝垂直，以便在焊接电弧的直吹作用下，使盖面层焊缝的熔深尽可能大

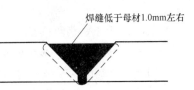

焊缝低于母材1.0mm左右

图 4-39　填充层焊缝成形的高度

些，与最后一层填充层焊缝能够熔合良好。由于盖面层焊缝是金属结构上最外面的一层焊缝，除了要求足够的强度、气密性外，还要求焊缝成形美观、鱼鳞纹整齐。焊条做锯齿形摆动，幅度为焊条中心到达工件边缘处，在此处应稍作停留，以熔化坡口边缘母材 1.5~2mm，还能填满边缘处以防产生咬边。再运条至另一侧，前进速度要均匀一致，使焊缝高低平整。

焊接过程中要认真观察熔池的形状和熔孔的大小，注意将熔渣与液态金属分开。熔池是明亮而清晰的，熔渣在熔池内是黑色的。熔孔的大小以电弧能将两侧钝边完全熔化并深入每侧母材 0.5~1mm 为宜。熔孔过大会导致背面焊缝余高过大，甚至形成焊瘤或烧穿。

熔孔过小时，容易造成坡口两侧根部未焊透。电弧击穿试件坡口根部时会发出"噗噗"的声音，表明焊缝熔透良好。如果没有这种声音出现，表明坡口根部没有被电弧击穿，继续向前焊接会造成未焊透等缺欠。

盖面层焊接时的运条方法是沿焊缝坡口上端的两侧棱角线向前运行，可采用横"8"字形摆动或锯齿形摆动，如图 4-40 所示。横向摆动时，要防止焊缝两侧产生咬边缺欠，横向摆动的时间与运条速度要密切配合，保证焊接时形成的熔池饱满，焊缝表面呈圆鱼鳞纹状。

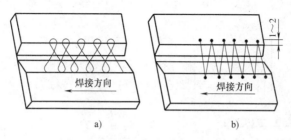

图 4-40　盖面层焊接时的运条方法

a) 横"8"字形摆动　b) 锯齿形摆动

进行盖面层焊接时，如果选用的是直流焊机，应消除磁偏吹对焊接质量的影响。磁偏吹是指焊条电弧焊时因受焊接回路所产生的电磁作用而产生的电弧偏吹现象，如图 4-41 所示。产生的原因之一是连接工件电缆线的位置不正确，另一原因是电弧边缘效应，如图 4-42 所示。这时要改变接地线的位置，使其同时接于工件两侧，可以避免产生磁偏吹现象，如图 4-43a 所示。此外，操作中还可适当调整焊条角度，使焊条向偏吹一侧倾斜，如图 4-43b 所示，或采用短弧焊接，均能避免磁偏吹，如图 4-43c 所示。对于电弧边缘效应的改进方法是加装引出板和引弧板，如图 4-44 所示。

4. 各层焊接时焊条的更换

焊条长度剩余 45mm 时须做好更换焊条的准备。此时迅速压低电弧向熔池边缘连续过渡若干个熔滴，使熔池饱满，防止形成冷缩孔；然后迅速更换焊条，并在图 4-45 所示的位置 1 重新引燃电弧；

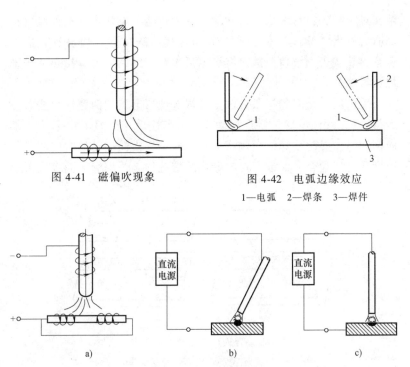

图 4-41　磁偏吹现象

图 4-42　电弧边缘效应
1—电弧　2—焊条　3—焊件

a)　　　　　　　b)　　　　　　　c)

图 4-43　防止电磁偏吹的措施
a) 改变接地线位置　b) 调整焊条角度　c) 采用短弧焊接

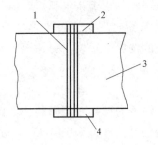

图 4-44　加装引出板和引弧板
1—接缝　2—引弧板
3—焊件　4—引出板

再以普通焊速沿焊道将电弧移到末尾焊点约 2/3 位置（图 4-45 所示的位置 2），在该处以长弧摆动两个来回（其轨迹为图 4-45 所示的 3→4→5→6），并在图 4-45 所示的位置 7 压低电弧，停留 1~2s；当末尾焊点重熔并听到"噗噗"声时，迅速将电弧沿坡口侧后方拉长并熄灭。

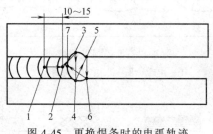

图 4-45　更换焊条时的电弧轨迹
1~7—电弧移动顺序

4.3　堆焊技术

堆焊是采用焊接方法将具有一定性能的材料熔敷在零件表面的一种焊接工艺。堆焊时，将焊件置于平焊位置，在焊件上堆敷焊道进行操作。堆焊主要用来修复机械设备工作面的磨损部分（又称增材制造），如图 4-46 所示。

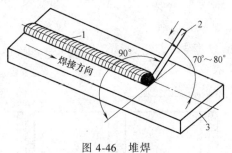

图 4-46　堆焊
1—焊道　2—焊条　3—母衬

堆焊时，先在堆焊处的表面堆焊第一条焊缝，从堆焊第二条焊缝起，应先熔化前一道焊缝宽度的 1/3，如图 4-47 所示。

焊条堆焊的形式有全面堆焊、条形堆焊、格形堆焊和圆点堆焊，如图 4-48 所示。

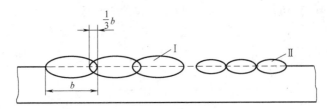

图 4-47 堆焊焊缝的排列

Ⅰ—正确 Ⅱ—错误 b—焊缝宽度

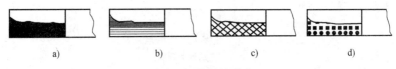

图 4-48 堆焊的形式

a) 全面堆焊 b) 条形堆焊 c) 格形堆焊 d) 圆点堆焊

焊条电弧堆焊时，焊条的摆动与正常焊条电弧焊时的运条方法相同，常用的是直线形运条法或月牙形运条法。采用月牙形运条法时，焊条摆幅要控制在焊条直径的 3 倍左右，两次摆动之间的距离为焊条直径的 1/2，如图 4-49 所示。

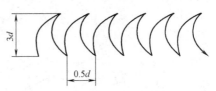

图 4-49 焊条电弧堆焊的运条形式

d—焊条直径

焊条电弧堆焊时，要采取合理的堆焊顺序，使焊件上的热量分布均匀，避免产生裂纹或变形等缺欠，如图 4-50 所示。

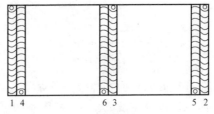

图 4-50 合理的堆焊顺序

1~6—堆焊顺序

对细长轴工件表面进行堆焊时，采用对称堆焊或螺旋形堆焊顺序，如图 4-51 所示，可有效减小工件的变形。

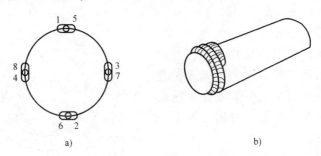

a) b)

图 4-51 轴的堆焊

a）对称堆焊 b）螺旋形堆焊

1~8—堆焊顺序

4.4 管-管焊接技术

4.4.1 水平固定管焊接

水平固定管对接时，应先进行定位焊，管径不同时定位焊焊缝数目也不相同，见表 4-3。

表 4-3 管径、定位焊焊缝数目及位置

管外径/mm	≤42	>42~76	>76~133	>133
定位焊焊缝数目	1	2	3	4
定位焊位置				

起焊时，应从仰焊部位中心线提前 5~10mm 处开始引弧，按仰焊、仰立焊、立焊、斜平焊及平焊顺序将管子的半个圆圈焊完。管-管对接的运条角度如图 4-52 所示。在焊管-管接头的前半圈时，

应在水平最高点过去 5~10mm 处灭弧。

为了防止仰焊部位塌陷,除合理选择坡口角度和焊接参数外,引弧要平稳准确,灭弧要快。从上向下焊接时,要持短弧,且电弧在两侧的停留时间尽量短。在平焊位置时,电弧不宜在熔池前停留过久,焊条可做幅度不大的横向摆动。

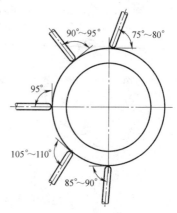

图 4-52 管-管对接
的运条角度

焊后半周之前,先将前半周焊缝与之接头的部分熔渣清理干净,并将接头处处理成缓坡形。焊接时,首先在仰焊位置的缓坡口根部 5~15mm 处引弧,然后将电弧带到接头处预热,并开始焊接。当焊至缓坡末端时压送电弧至坡口根部,听到击穿声并形成一个新的熔池时开始熄弧。此后的操作与前半周相同。当焊到水平位置的封闭接头处时,保证接头处根部熔透,并与前半周焊缝重叠 5~15mm 熄弧,停止焊接。

4.4.2 水平转动管焊接

水平转动管焊接的最佳施焊位置是平焊位置。当管子由转胎带动逆时针方向转动时,在时钟 1 点半至 10 点半处接近平焊位置处施焊。如果焊工自己转动管子,则从时钟 1 点半至 10 点半处焊完,再转动管子,如此反复直至焊完。平焊时焊接电流较大,效率高。

4.4.3 垂直固定管焊接

进行垂直固定管焊接时,由于焊缝是水平面内的一个圆,焊条的角度要随焊接处的曲率随时改变,如图 4-53 所示,盖面焊的第 5、6、7 焊道的焊条角度与填充焊第二层的第 3、4 焊道相同。

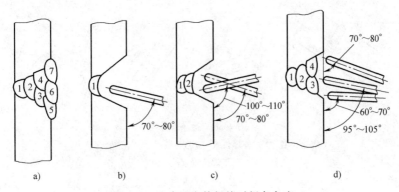

图 4-53　垂直固定管焊接时焊条角度
a) 焊接顺序　b) 打底焊　c) 填充焊第一层　d) 填充焊第二层

4.4.4　倾斜固定管焊接

倾斜固定管焊接是介于水平固定管焊接和垂直固定管焊之间位置的焊接操作，如图 4-54 所示。

倾斜固定管的焊接应先进行定位焊，定位焊的位置在时钟 10 点和 2 点处，如图 4-55 所示。

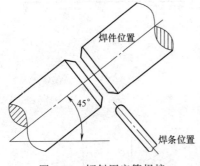

图 4-54　倾斜固定管焊接

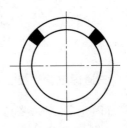

图 4-55　定位焊位置

从仰焊位置的时钟 5 点或时钟 7 点处的坡口内侧引弧，引燃电弧后用长弧对准坡口两侧进行预热。当管壁温度明显上升后压低电弧，击穿钝边，然后进行焊接。运条方法如图 4-56 所示。

无论管子的倾斜度多大，一定要求焊波呈水平或接近水平方

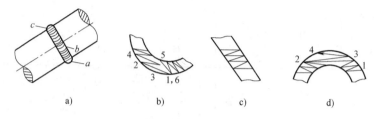

图 4-56 运条方法

a）焊接位置 b）仰焊位置（a 点） c）立焊位置（b 点）

d）平焊位置（c 点）

1~6—焊接顺序

向，所以焊条要保持在垂直位置并在水平线上左右摆动。焊条摆动到两侧时，要停留足够长的时间使熔化金属覆盖量增加，防止产生咬边缺欠。接头方式如图 4-57 所示。

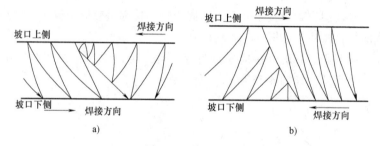

图 4-57 接头方式

a）仰焊位置 b）平焊位置

4.4.5 三通固定管焊接

三通固定管的焊接是立焊与斜横焊位置的综合，如图 4-58 所示。其焊接方法与立焊及斜横焊相似。起焊时，要在中心线前 5~15mm 处开始，采用直线往复运条法，并保证根部焊透。

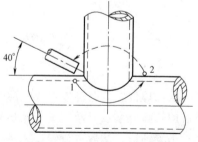

图 4-58 三通固定管的焊接

1—第一道焊缝 2—第二道焊缝

4.5 板-管焊接技术

4.5.1 板-管平角焊接

1. 打底焊

为了保证打底焊时坡口根部与底板熔合良好，焊接时，引燃电弧后对始焊端先预热，然后将电弧压低，待形成熔孔后，采用小幅度锯齿形横向摆动的运条方式，进入正常焊接直至焊接结束。操作时，电弧长度要控制得稍短些，保证底板与立管坡口熔合良好。打底焊时的焊条角度如图 4-59 所示。

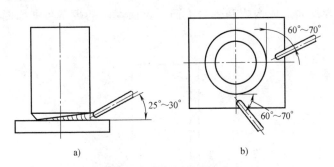

图 4-59 打底焊时的焊条角度

a) 主视图 b) 俯视图

2. 填充焊

填充焊前，要将打底焊缝的熔渣清理干净，处理好焊接有缺欠的地方，填充焊缝的表面不能有局部凸出的现象，保证焊缝两侧熔合良好。填充层的焊缝不能太宽或太深，焊缝表面要保持平整。填充焊时的焊条角度如图 4-60 所示。

3. 盖面焊

盖面焊有两道焊缝。焊接前，先将填充层焊道的焊渣清理干净并处理好局部缺欠。焊接下面的焊道时（焊条角度为 35°~40°），电弧要对准填充层焊道的下沿，保证与底板熔合良好；焊接上面的焊道时（焊条角度为 50°~55°），电弧要对准填充层焊道的上沿，

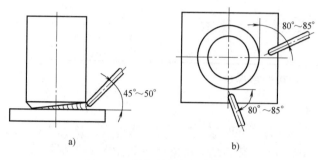

图 4-60 填充焊时的焊条角度

a）主视图 b）俯视图

保证与立管熔合良好。后道焊缝覆盖前一道焊缝的 1/3～2/3，避免在两焊缝间形成沟槽和焊缝上凸。盖面焊时的焊条角度如图 4-61 所示。

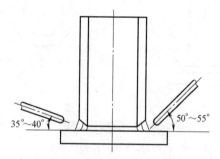

图 4-61 盖面焊时的焊条角度

4.5.2 板-管仰位焊接

1. 打底焊

打底焊时的焊条角度如图 4-62 所示。首先在板侧起焊点处引弧（见图 4-63 中的 a 点），稍作停顿预热后，将焊条对准坡口根部，向背面送入焊条。若听到击穿坡口根部的"噗噗"声，说明已形成熔孔，可采用小幅度锯齿形运条法摆动焊条进行正常施焊。

2. 填充焊

填充焊前，要将打底焊缝的熔渣清理干净，处理好焊接有

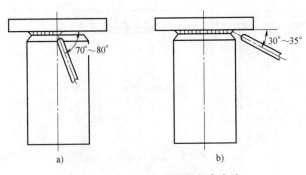

图 4-62 仰焊打底焊时的焊条角度

a）主视图 b）左视图

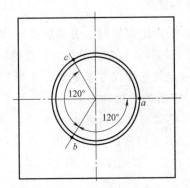

图 4-63 起焊点和定位焊缝的位置（俯视）

a—起焊点 b、c—定位焊缝

缺欠的地方，填充焊缝的表面不能有局部凸出的现象，保证焊缝两侧熔合良好。填充层的焊缝不能太宽或太深，焊缝表面要保持平整。

3. 盖面焊

盖面焊有两道焊缝，先焊上面的焊缝，后焊下面的焊缝。焊上面的焊缝时，焊条摆动幅度略微加大，焊缝的下沿要覆盖填充焊缝的 1/2 以上。焊下面的焊缝时，焊缝上沿与上面的焊缝要熔合良好，保证两条盖面焊缝圆滑过渡，使焊缝外形成形良好。管-板仰焊盖面层的焊条角度如图 4-64 所示。

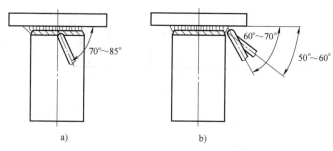

图 4-64　骑座式管-板仰焊盖面层的焊条角度

a）主视图　b）左视图

4.5.3　板-管全位置焊接

　　骑坐式板-管水平固定焊接时，引弧后迅速将电弧向右下方倾斜，同时压低电弧，等管板根部充分熔合形成熔池和熔孔后开始焊接。管-板水平固定全位置焊接要求平焊、立焊和仰焊的操作技能熟练，焊接过程中焊条的角度随着焊接位置的不同而不断发生变化。板-管全位置焊接时的焊条角度如图 4-65 所示。时钟 6 点至 5 点和 2 点至 12 点位置是焊接的关键，其焊条摆动如图 4-66 所示。接头时的焊条角度和前半圈的焊缝成形如图 4-67 所示。

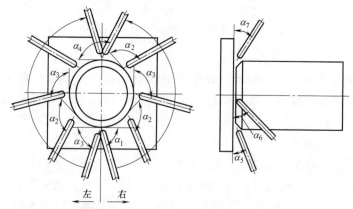

图 4-65　板-管全位置焊接时的焊条角度

$\alpha_1 = 75° \sim 85°$　　$\alpha_2 = 90° \sim 105°$　　$\alpha_3 = 100° \sim 110°$　　$\alpha_4 = 110° \sim 120°$

$\alpha_5 = 30°$　　$\alpha_6 = 45°$　　$\alpha_7 = 35° \sim 45°$

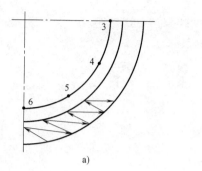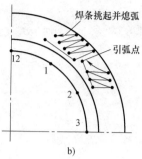

图 4-66 焊条的摆动

a) 6点至5点位置 b) 2点至12点位置

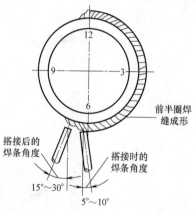

图 4-67 接头时的焊条角度和
前半圈的焊缝成形

第5章

氩弧焊

5.1 基础知识

氩弧焊又称氩气气体保护焊,是指在电弧焊的周围通上保护性气体,将空气隔离在焊接区之外,防止焊接区的氧化,包括非熔化极氩弧焊(TIG)和熔化极氩弧焊(MIG)。氩弧焊适用于焊接易氧化的有色金属和合金钢,目前主要用于铝、镁、钛及其合金和不锈钢的焊接。

氩气的保护作用是依靠在电弧周围形成惰性气体保护层机械地将空气和金属熔池、焊丝隔离开来实现的,如图 5-1 所示。

1. 非熔化极氩弧焊

非熔化极氩弧焊是电弧在非熔化极(通常是钨极)和工件之间燃烧,在焊接电弧周围流过一种不和金属起化学反应的惰性气体(常用氩气),形成一个保护气罩,

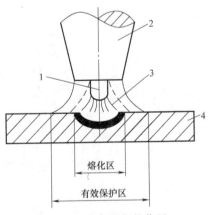

图 5-1 氩气的保护作用
1—钨极 2—焊枪 3—氩气流 4—工件

使钨极端头、电弧和熔池及已处于高温的金属不与空气接触,能有效防止熔池氧化和吸收有害气体,从而形成力学性能优良的焊接接头,如图 5-2 所示。

脉冲钨极氩弧焊技术是在普通钨极氩弧焊基础上采用可控的脉

冲电流取代连续电流发展起来的。钨极脉冲氩弧焊技术在铸钢件缺欠修复中的应用使钨极氩弧焊工艺更加完善，已成为一种优质、经济、有效、高精密的先进焊接修复技术。它的主要特点是利用脉冲式热输入的方式形成焊缝。在脉冲电流持续期间，每次电流脉冲都能瞬时地集中把能量

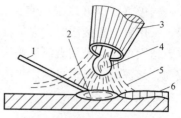

图 5-2 非熔化极氩弧焊
1—填充焊丝 2—熔池 3—喷嘴
4—钨极 5—气体 6—焊缝

传递给母材，使焊件上形成点状熔池。脉冲电流停歇期间（脉冲结束后），焊接电流降为基值电流，利用基值电流维持电弧的稳定燃烧。但电弧的能量大大减少，降低了焊接热输入，并使熔池金属凝固。当下一个脉冲来到时，在未完全凝固的熔池上再形成一个新的熔池。如此重复进行，就由许多焊点相互连续搭接而形成焊缝，因此脉冲焊缝事实上是由一系列焊点组成的，如图 5-3 所示。

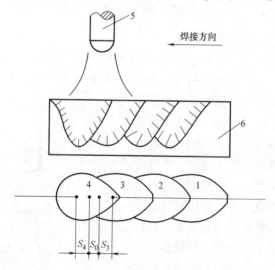

图 5-3 脉冲钨极氩弧焊的焊缝形成过程
1~4—第 1~4 个焊点 5—钨极 6—工件
S_3—形成第 3 焊点时脉冲电流作用的区间 S_4—形成第 4 焊点时脉冲
电流作用的区间 S_0—基值电流作用的区间

钨极氩弧焊可以采用直流正接法和直流反接法，如图 5-4 所示。采用直流正接法时，焊件温度升高，而钨极温度则较低，可以有效增大熔深；采用直流反接法时，焊件温度较低，而钨极温度则较高，熔深较小，但可以产生阴极破碎效应，常用于铝、镁及其合金的焊接。

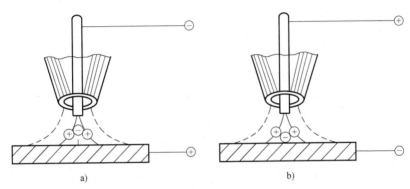

图 5-4 正接与反接

a) 直流正接法 b) 直流反接法

2. 熔化极氩弧焊

熔化极氩弧焊的工作原理如图 5-5 所示，焊丝通过送丝轮送进，导电嘴导电，在母材与焊丝之间产生电弧，使焊丝和母材熔化，并用惰性气体氩气保护电弧和熔融金属来进行焊接。它和钨极氩弧焊的区别在于一个是焊丝做电极，并不断熔化填入熔池，冷凝后形成焊缝；另一个是用钨极做电极，靠外部填充焊丝形成焊缝。随着熔化极氩弧焊技术的发展，保护气体已由单一的氩气发展成多种混合气体，如 $Ar80\% + CO_2 20\%$ 的富氩保护气。

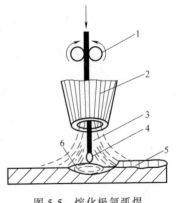

图 5-5 熔化极氩弧焊

1—送丝轮 2—喷嘴 3—气体

4—焊丝 5—焊缝 6—熔池

3. 氩弧焊的优点

1) 电流密度大，热量集中，

熔敷率高，焊接速度快，工件变形小。

2）被焊金属材料中合金元素不易烧损。

3）氩气没有腐蚀性且不溶于金属，不易产生气孔。

4）明弧操作，有利于操作者对电弧、熔池、熔滴过渡的观察。

5）不需要焊剂和熔剂，操作简单。

6）容易实现机械化和自动化。

4. 氩弧焊的缺点

1）对工件的清理要求较高。

2）氩弧焊因为热影响区大，常常会造成工件在修补后变形、硬度降低、砂眼、局部退火、开裂、针孔、磨损、划伤、咬边或者结合力不够及内应力损伤等缺欠。尤其在精密铸造件细小缺欠的修补过程表现明显。

3）氩弧焊与焊条电弧焊相比对人身体的伤害程度要大一些。氩弧焊的电流密度大，发出的弧光比较强烈，电弧产生的紫外线辐射为焊条电弧焊的 5~30 倍，红外线为焊条电弧焊的 1~1.5 倍，在焊接时产生的臭氧含量较高，因此，尽量选择空气流通较好的地方施工，以减轻对人体的伤害。

5.2 基本操作技术

5.2.1 焊枪操作要点

1. 持枪方法

正确选择和掌握持枪方法是焊接操作顺利进行与获得高质量焊缝的保证。持枪方法见表 5-1。

2. 焊枪、焊丝与工件的角度

1）在平焊时，焊枪、焊丝与工件的角度如图 5-6 所示。焊枪角度过小，会降低氩气保护效果；角度过大，操作和填加丝比较困难。对某些易被空气污染的材料，如钛合金等，应尽可能使焊枪与工件夹角为 90°，以确保氩气保护效果良好。

表 5-1　持枪方法

焊枪类型	笔式焊枪	T 形焊枪		
握持方法				
应用范围	100A 或 150A 型焊枪,适用于小电流、薄板焊接	100~300A 型焊枪,适用于 I 形坡口焊接,此握法应用较广	150~200A 型焊枪,此握法手晃动较小,适宜焊缝质量要求严格的薄板焊接	500A 的大型焊枪,多用于大电流、厚板的立焊、仰焊等

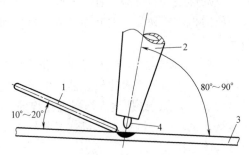

图 5-6　平焊时焊枪、焊丝与工件的角度
1—焊丝　2—焊枪喷嘴　3—工件　4—钨极

2）横焊时，焊枪、焊丝与工件的角度如图 5-7 所示。

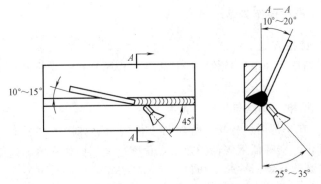

图 5-7　横焊时焊枪、焊丝与工件的角度

3）立焊时，焊枪、焊丝与工件的角度如图 5-8 所示。

4）环焊时，焊枪、焊丝与工件的角度和平焊区别不大，但工件的转动是逆焊接方向的，如图 5-9 所示。

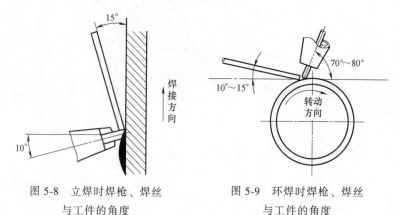

图 5-8　立焊时焊枪、焊丝　　　　图 5-9　环焊时焊枪、焊丝
　　　　与工件的角度　　　　　　　　　　与工件的角度

5）内角焊时，焊枪、焊丝与工件的角度如图 5-10 所示。

6）外角焊时，焊枪、焊丝与工件的角度如图 5-11 所示。

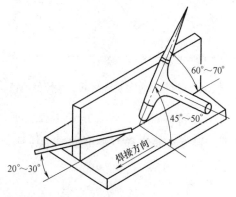

图 5-10　内角焊时焊枪、焊丝与工件的角度

3. 焊枪角度与熔池形状、熔深的关系

焊枪角度与熔池形状、熔深的关系如图 5-12 所示。

4. 焊枪运走形式

钨极氩弧焊一般采用左焊法（在焊接过程中，焊枪从右向左

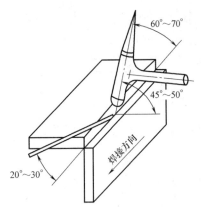

图 5-11 外角焊时焊枪、焊丝
与工件的角度

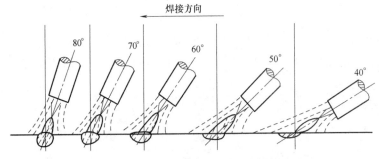

图 5-12 焊枪角度与熔池形状、熔深的关系

移动，焊接电弧指向待焊部分，焊丝位于电弧前面，见图 5-13），
焊枪做直线移动。但为了获得比较宽的焊道，保证两侧熔合质量，

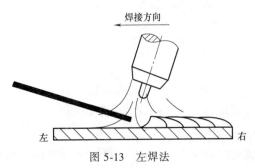

图 5-13 左焊法

氩弧焊枪也可做横向摆动，同时焊丝随焊枪的摆动而摆动，为了不破坏氩气对熔池的保护，摆动频率不能太高，幅度不能太大，喷嘴高度保持不变。

常用的焊枪运走形式有直线移动形和横向摆动形两种。

（1）直线移动 根据所焊材料和厚度不同，通常有直线匀速移动、直线断续移动和直线往复运动三种方法，如图 5-14 所示。

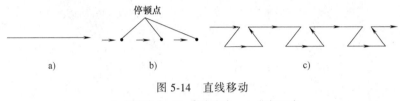

图 5-14 直线移动

a）匀速移动 b）断续移动 c）往复运动

1）直线匀速移动，焊枪沿焊缝做平稳匀速的直线移动，适合于不锈钢、耐热钢等薄件的焊接。其优点是电弧稳定，可避免焊缝重复加热，氩气保护效果好，焊接质量稳定。

2）直线断续移动，焊枪按一定的时间间隔停留和移动。一般在焊枪停留时，当熔池熔透后，加入焊丝，接着沿焊缝纵向做间断的直线移动。

3）直线往复运动，焊枪沿焊缝做直线往复运动，常用于铝及铝合金薄板的焊接，采用小电流，防止出现薄板的成形不良等缺欠。

（2）横向摆动 根据焊缝的尺寸和接头形式的不同，要求焊枪做小幅度的横向摆动。按摆动方法不同，可分为月牙形摆动、斜月牙形摆动和 r 形摆动三种形式。

1）月牙形摆动是指焊枪的横向摆动是划弧线，两侧略停顿并平稳向前移动，如图 5-15 所示。这种运动适用于大的 T 形角焊、厚板的搭接角焊、开 V 形及 X 形坡口的对接焊或特殊要求加宽的焊接。焊缝中心温度较高，两边由于热量向母材导散，温度较低，焊枪在焊缝两边停留时间稍长，在通过焊缝中心时运动速度可适当加快，保证熔池温度正常。

2）斜月牙形摆动是指焊枪在沿焊接方向移动过程中划倾斜的

圆弧，如图 5-16 所示。这种运动适用于不等厚的角焊和对接焊的横向焊缝。焊接时，焊枪略向厚板一侧倾斜，并在厚板一侧停留时间略长。

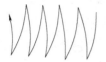

图 5-15　月牙形摆动

图 5-16　斜月牙形摆动

3）r 形摆动是指焊枪的横向摆动呈类似 r 形的运动，如图 5-17 所示。这种方法适用于不等厚板的对接接头。操作时焊枪

图 5-17　r 形摆动

不仅做 r 形运动，而且焊接时电弧稍偏向厚板，使电弧在厚板一边停留时间稍长，使之受热较多，以控制两边的熔化速度，防止薄板烧穿而厚板未焊透缺欠的产生。

5.2.2　引弧操作要点

钨极氩弧焊一般有高频或脉冲引弧和接触（短路）引弧两种方法，见表 5-2。

表 5-2　钨极氩弧焊引弧方法

引弧方法	图示	操作说明
高频或脉冲引弧	100° 　3~5	在焊接开始时，先在钨极与焊件之间保持 3~5mm 的距离，然后接通控制开关，在高压高频或高压脉冲的作用下，击穿间隙放电，使氩气电离而引燃电弧。能保证钨极端部完好，钨极损耗小，焊缝质量高
接触引弧		焊前用引弧板、铜板或炭棒与钨极直接接触进行引弧。接触的瞬间产生很大的短路电流，钨极端部容易损坏，但焊接设备简单

5.2.3 送丝操作要点

焊丝送进的动作如图 5-18 所示。

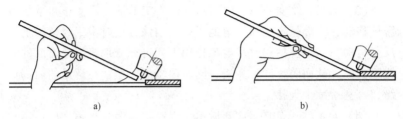

图 5-18 焊丝送进动作
a) 开始 b) 送进

焊丝送进时不应把焊丝直接放在电弧下面，也不能把焊丝抬起过高，即不能让熔滴向熔池内"滴渡"，更不能在焊缝的横向来回摆动，正确的填丝方法是由电弧前沿熔池边缘点进，如图 5-19 所示。

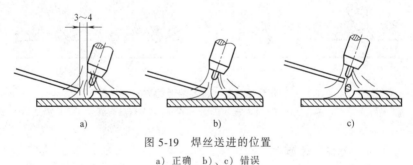

图 5-19 焊丝送进的位置
a) 正确 b)、c) 错误

焊丝送入熔池的方式有压入法、续入法、点移法和点滴法。

（1）压入法 如图 5-20a 所示，用手将焊丝稍向下压，使焊丝末端紧靠在熔池边沿。该方法操作简单，但是因为手拿焊丝较长，焊丝端头不稳定、易摆动，造成送丝困难。

（2）续入法 如图 5-20b 所示，将焊丝夹持在左手大拇指的虎口处，焊丝末端伸入熔池中，前端夹持在中指和无名指之间，靠大拇指来回反复均匀用力，推动焊丝向前送向熔池中，手往前移动，使焊丝连续加入熔池中。这种方法对保护层的扰动小，它要求焊丝平直，中指和无名指夹稳焊丝并控制和调节方向，手背可依靠在工件上增加其稳定性，大拇指的往返推动频率可由填充量及焊接速度而定。

（3）点移法　如图 5-20c 所示，以手腕上下反复动作和手往后慢慢移动，将焊丝逐步加入熔池中。采用该方法时由于焊丝的上下反复运动，当焊丝抬起时在电弧作用下，可充分地将熔池表面的氧化膜去除，从而防止产生夹渣，同时由于焊丝填加在熔池的前部边缘，有利于减少气孔。

（4）点滴法　如图 5-20d 所示，以左手拇指、食指、中指捏紧焊丝，焊丝末端始终处于氩气保护区内。手指不动，只起夹持作用，靠手或小臂沿焊缝前后移动和手腕的上下反复动作，将焊丝加入熔池。此方法使用电流小，焊接速度较慢，当坡口间隙过大或电流不合适时，熔池温度难于控制，易产生塌陷缺欠。

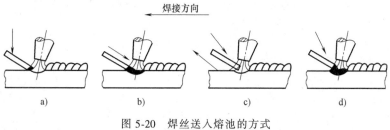

图 5-20　焊丝送入熔池的方式

a）压入法　b）续入法　c）点移法　d）点滴法

5.2.4　收弧操作要点

收弧是保证焊接质量的重要环节，若收弧不当，易引起弧坑裂纹、烧穿、缩孔等缺欠，影响焊缝质量。当焊至工件末端时，应减小焊枪与工件的夹角，加大焊丝填充量以填满弧坑，同时为防止产生气冷缩孔。收弧时必须将电弧引至坡口一侧，如图 5-21 所示。

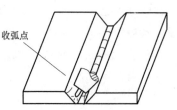

图 5-21　正确的收弧位置

一般采用以下几种收弧方法：

1) 一般氩弧焊设备都配有电流衰减装置，利用电流衰减装置收弧。收弧后氩气开关应延时 10s 左右再关闭，防止金属在高温下继续氧化。

2) 采取减小焊枪与工件夹角、拉长电弧或加快焊接速度的方法收弧。此时，使电弧热量主要集中在焊丝上，同时加快焊接速度，增大送丝量，将弧坑填满后收弧。收弧后氩气开关应延时一会儿再关闭，使氩气保护收弧处一段时间，防止金属在高温下继续氧化。

3) 在焊接电流调节电位器上连接一个脚踏开关，当收弧时断续开关电源。

4) 将收弧熔池引到与工件相连的另一块板上，焊完后再将其割掉，适用于平板的焊接。

5.2.5　焊接过程操作要点

焊接时要掌握好焊枪角度及送丝位置，力求送丝均匀，保证焊缝成形良好。同时要控制好熔池温度，当发现熔池增大、焊缝变宽变低、出现下凹时，说明熔池温度过高，这时应迅速减小焊枪与工件的夹角，加快焊接速度。当熔池过小，焊缝窄而高时，说明熔池温度过低，这时应增大焊枪与工件的夹角，减少焊丝的送入量，减慢焊接速度，直至均匀为止，这样才能保证焊缝成形良好。

为了获得比较宽的焊道，保证坡口两侧的熔合质量，氩弧焊枪可以横向摆动，摆动幅度以不破坏熔池的保护效果为原则，由操作者灵活掌握。

焊接过程中，如果钨极与工件发生短路，将会产生飞溅和烟雾，造成焊缝夹钨和污染。这时应立即停止操作，用角向砂轮磨掉夹钨和污染处，直至露出金属光泽。对钨极也要进行更换或修磨，方可继续施焊。

5.2.6　焊接接头操作要点

由于在焊接过程中需要更换钨极、焊丝等，因此接头是不可避免的，应设法控制接头质量。焊缝接头是两段焊缝交接的地方，对接头的质量控制非常重要。由于温度的差别和填充金属量的变化，该处易出现超高、缺肉、未焊透、夹渣、气孔等缺欠。所以焊接时应尽量避免停弧，减少冷接头个数。一般在接头处要有斜坡，不留死角。重新引弧的位置在原弧坑后面，须在待焊处前方 5～10mm 处引弧，稳弧之后将电弧拉回接头后面，使焊缝重叠 20～30mm。重叠处一般不加或只加少量焊丝，熔池要熔透到接头根部，以保证接头处熔合良好。

5.3　平焊技术

平焊是最容易操作的焊接位置。先要进行定位焊，再开始打底焊。在定位焊缝上引燃电弧后，焊枪停留在原位置不动，稍预热后，当定位焊缝外侧形成熔池并出现熔孔后，开始填充焊丝，焊枪稍作摆动向左焊接。

1）打底焊时，应减小焊枪角度，使电弧热量集中在焊丝上，采取较小的焊接电流。加快焊接速度和送丝速度，避免焊缝下凹和烧穿。焊接过程中密切注意焊接参数的变化及相互关系，焊枪移动要平稳，速度要均匀，随时调整焊接速度和焊枪角度，保证背面焊缝成形良好。平焊焊枪角度与填丝位置如图 5-22 所示。

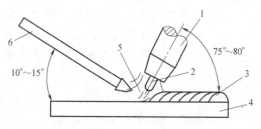

图 5-22　平焊焊枪角度与填丝位置
1—喷嘴　2—钨极　3—焊缝　4—工件
5—电弧　6—焊丝

如果发现熔池增大、焊缝变宽，并出现下凹，说明熔池温度过高，应减小焊枪倾角，加快焊接速度。当熔池变小时，说明熔池温度过低，有可能产生未焊透和未熔合，应增大焊枪倾角，减慢焊接速度，以保证打底层焊缝质量。在整个焊接过程中，焊丝应始终处在氩气保护区内，防止高温氧化。同时，要严禁钨极端部与焊丝、工件接触，以防产生夹钨，影响焊接质量。当更换焊丝或暂停焊接时，要松开焊枪上的按钮，停止送丝，用焊机的电流衰减装置灭弧，但焊枪仍须对准熔池进行保护，待其完全冷却后方能移开焊枪。若焊机无电流衰减功能，松开按钮后，应稍抬高焊枪，待电弧熄灭、熔池完全冷却凝固后才能移开焊枪。在接头处要检查原弧坑处的焊缝质量，当保护较好且无氧化物等缺欠时，则可直接接头。当有缺欠时，则须将缺欠修磨掉，并将其前端打磨成斜面。在弧坑右侧 15~20mm 处引弧，并慢慢向左移动，待弧坑处开始熔化，并形成熔池和熔孔后，继续填丝焊接。

在焊缝末端收弧时，应减小焊枪与工件的夹角，使电弧热量集中在焊丝上，加大焊丝熔化量，填满弧坑，然后切断电源，待延时 10s 左右后停止供气，最后移开焊枪和焊丝。

2）打底焊完成以后，要进行填充焊，填充焊焊接前应先检查根部焊道表面有无氧化皮等缺欠，若有则必须进行打磨处理，同时增大焊接电流。填充焊时的注意事项同打底焊，焊枪的横向摆动幅度比打底焊时稍大。在坡口两侧稍加停留，保证坡口两侧熔合好，焊道均匀。填充焊时不要熔化坡口的上棱边，焊道比工件表面低 1mm 左右。

3）盖面焊时焊枪与焊丝角度不变，但应进一步加大焊枪摆动幅度，并在焊道边缘稍停顿，使熔池熔化两侧坡口边缘各 0.5~1.0mm。根据焊缝的余高决定填丝速度，以确保焊缝尺寸符合要求。

5.4 平角焊技术

平角焊是指角接接头、T 形接头和搭接接头在平焊位置的焊接。平角焊焊接操作中，如果工艺参数选择不当或操作不熟练，容易产生立板咬边、未焊透或焊脚尺寸不一致等缺欠。

定位焊位置应在焊件两端，定位焊缝长为 5~10mm，如图 5-23

所示。

厚度不等板组装平角焊时，给予厚板的热量应多些，从而使厚、薄板受热趋于均匀，以保证接头熔合良好，如图 5-24。焊接时，焊枪与焊缝倾角为 75°～85°，焊丝与焊缝倾角为 10°～15°，如图 5-25 所示。

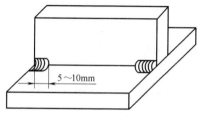

图 5-23　定位焊缝位置及长度

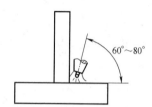

图 5-24　焊接电弧偏向厚板

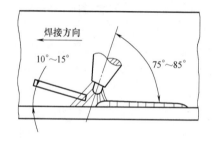

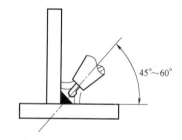

图 5-25　焊丝及焊枪角度

横向摆动焊接时，摆动幅度必须要有规律，如图 5-26 所示，焊枪由 a 点摆动到 b 点时稍快，并在 b 点稍作停留，同时向熔池填加焊丝，焊丝填充部位应稍微靠向立板，由 b 点摆动到 c 点时稍慢，以保证水平板熔合良好，如此反复进行，直至焊完。

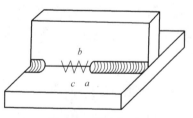

图 5-26　横向摆动

如果出现焊枪摆动与送丝动作不协调、送丝部位不准确、在焊点停留时间短等问题，会导致立板产生咬边现象。

5.5 横焊技术

板对接横焊是指在某一竖直或倾斜平面内的焊接方向与水平面平行的焊接，操作时，熔池金属受重力影响容易下坠，甚至流淌至下坡口面，造成上部咬边、下部未熔合，产生焊瘤等缺欠。

焊接时，应严格控制焊枪、焊丝与焊件的角度，否则容易形成上部咬边，下部产生焊瘤、未熔合现象。焊接过程中，要密切注意熔池温度的变化，如果感觉送丝不易，熔池由旋转而变为不旋转，表明熔池温度过高，极易产生上部咬边现象，此时应熄灭电弧，待温度冷却后再进行焊接。

焊接时，焊枪可利用手腕的灵活性做轻微的锯齿形摆动，以利于上、下坡口根部的良好熔合，要保证下坡口面的熔孔始终超前上坡口面 0.51 个熔孔，以防止液态金属下坠造成粘接，出现熔合不良的现象，如图 5-27 所示。

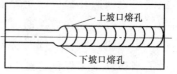

图 5-27　坡口两侧熔孔

5.6 板-管焊接技术

1. 焊枪角度

管板垂直俯位焊的最佳焊枪角度如图 5-28 所示。

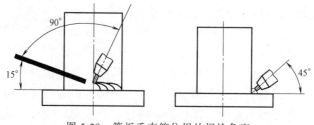

图 5-28　管板垂直俯位焊的焊枪角度

2. 钨极伸出长度

调整钨极伸出长度的方法如图 5-29 所示。喷嘴紧靠管板两侧，钨极指向坡口根部。喷嘴和孔板的夹角为 45°，在喷嘴与工件根部之间放一根 φ2.5mm 的焊丝，将钨极尖端与焊丝相接触。焊丝接触点与喷嘴之间的距离即为钨极伸出喷嘴的长度。

3. 焊接

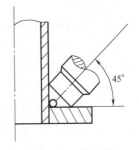

图 5-29　钨极伸出长度

在焊接过程中，喷嘴与两工件之间距离应尽量保持相等，电弧应以管子与孔板的顶角为中心做横向摆动，摆动幅度要适当，以使焊脚均匀、对称。同时注意观察熔池两侧和前方，使管壁和孔板熔化宽度基本相等，并符合焊脚尺寸要求。送丝时，电弧可稍离开管壁，从熔池前上方填加焊丝，以使电弧的热量偏向孔板，防止咬边和熔池金属下坠。当焊丝熔化形成熔滴后，要轻轻地将焊丝向顶角根部推进，使其充分熔化，这样可防止产生未熔合缺欠。同时，要注意沿管板根部圆周焊接时，手腕应做适当转动，以保证合适的焊枪角度。

5.7　管-管焊接技术

1. 管-管垂直固定焊接

盖面焊分上下两道，定位焊缝 3 点均匀分布，间隙为 1.5 ~ 2mm，左向焊接。打底焊时焊枪角度如图 5-30 所示，首先在右侧间隙较小处引弧，待坡口根部熔化形成熔池熔孔后开始填加焊丝，当焊丝端部熔化形成熔滴后，将焊丝轻轻向熔池送进，并向管内摆动，将铁液送到坡口根部，保证背面焊缝的高度。填充焊丝的同时，焊枪小幅度做横向摆动并向左均匀移动。在焊接过程中，填充焊丝以往复运动方式间断地送入电弧内的熔池前方，在熔池前成滴状加入。送丝要有规律，不能时快时慢，保证焊缝成形美观。当焊工要移动位置暂停焊接时，应按收弧要点操作。打底焊时熔池的热量要集中在坡口的下部，防止上部坡口过热、母材熔化过多而产生咬边等缺欠。

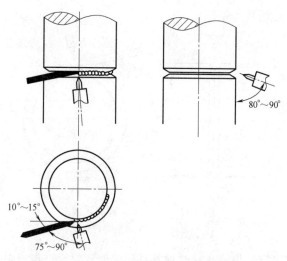

图 5-30 打底焊时焊枪角度

　　盖面焊由上下两道焊缝组成，先焊下面的焊道，后焊上面的焊道，焊枪角度如图 5-31 所示。焊下面的盖面焊道时，电弧对准打底焊道下沿，使熔池下沿超出管子坡口棱边 0.5~1.5mm，熔池上沿在打底焊道 1/2~2/3 处。焊上面的焊道时，电弧对准打底焊道上沿，使熔池上沿超出管子坡口 0.5~1.5mm，下沿与下面的焊道圆滑过渡，焊接速度要适当加快，并减小送丝量，防止焊缝下坠。

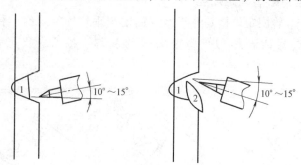

图 5-31 盖面焊焊枪角度

1、2—焊道

2. 管-管水平转动焊接

管-管水平转动焊接电弧对中位置和焊枪角度如图 5-32 所示。

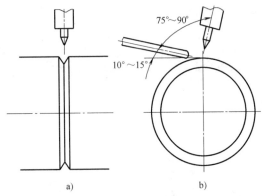

图 5-32 管-管水平转动焊接

a) 电弧对中位置 b) 焊枪角度

焊前将定位焊缝放在时钟 6 点位置处。焊接过程中焊接电弧始终保持在时钟 0 点位置处，始终对准间隙，可稍作横向摆动。应保证管子的转动速度和焊接速度一致，填充焊丝以往复运动方式间断送入电弧内的熔池前方，成滴状加入。焊丝送进要有规律，不能时快时慢，这样才能保证焊缝成形美观。试管与焊丝、喷嘴的位置要保持一定距离，避免焊丝扰乱气流及触到钨极。焊丝末端不得脱离氩气保护区，以免端部被氧化。

3. 45°管-管固定焊接

45°管-管固定焊接是介于水平固定与垂直固定间的一种焊接，操作要点与两者相似，其盖面焊的起焊、接头、收尾分别如图 5-33a~c 所示。

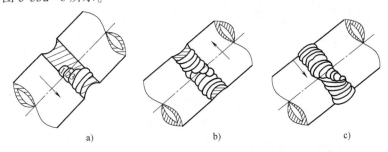

图 5-33 45°管-管固定盖面焊

a) 起焊 b) 接头 c) 收尾

第6章

CO₂气体保护焊

6.1 基础知识

CO₂气体保护焊是以 CO₂气体作为保护介质，使电弧、参与焊接的焊丝、熔池及附近母材与周围空气隔离，防止空气中氧、氮、氢对熔滴和熔池金属的侵害作用，连续送进的焊丝金属不断熔化并过渡到熔池，与熔化的母材金属熔合成焊缝金属，从而获得具有优良力学性能接头的一种电弧焊方法，也称 CO₂电弧焊。其焊接过程如图 6-1 所示。

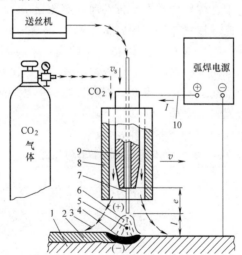

图 6-1 CO₂ 气体保护焊

1—母材 2—焊缝 3—气体 4—熔池 5—熔滴 6—电弧
7—焊丝 8—喷嘴 9—导电嘴 10—焊接电缆
l—弧长 e—焊丝伸出长度 v—焊接速度 v_s—送丝速度

CO_2 气体保护焊与钨极氩弧焊的区别不仅是保护气体不同，还有一个显著区别是 CO_2 气体保护焊直接采用焊丝作为电极，工件作为另一电极形成回路，依靠焊丝与被焊工件之间的电弧作为热源熔化焊丝与母材金属。采用药芯焊丝时的电弧示意如图 6-2 所示。

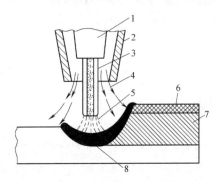

图 6-2 药芯焊丝电弧示意图

1—导电嘴 2—喷嘴 3—药芯焊丝 4—气体 5—电弧
6—熔渣 7—焊缝 8—熔池

焊接过程中，焊丝由送丝轮自动向熔池送进，CO_2 气体由喷嘴不断喷出，形成一层气体保护区，将熔池与空气隔离，以保证焊缝质量。从喷嘴中喷出的 CO_2 气体在电弧的高温下分解为 CO 与 O，温度越高，CO_2 的分解程度越大。分解出来的氧原子具有强烈的氧化性，会使合金元素氧化，因此，在焊接过程中必须采取措施，防止熔池中合金元素的烧损。

CO_2 气体保护焊的分类见表 6-1。

表 6-1 CO_2 气体保护焊的分类

分类方法	区别	应用范围
按焊丝直径分类	粗丝 （焊丝直径≥1.6mm）	适用于薄板焊接
	细丝 （焊丝直径<1.6mm）	适用于各种焊缝
按操作方式分类	自动焊	适用于长的规则焊缝和环焊缝
	半自动焊	适用于较短的不规则焊缝

CO_2气体保护焊用焊丝的种类分为粗丝、细丝和药芯焊丝，见表 6-2。

表 6-2　CO_2气体保护焊用焊丝的种类

类别	保护方式	焊接电源	熔滴过渡形式	喷嘴	焊接过程	焊缝成形
粗丝（焊丝直径≥1.6mm）	气保护	直流，陡降或平特性	颗粒过渡	水冷为主	稳定、飞溅小	较好
细丝（焊丝直径<1.6mm）		直流反接，平或缓降外特性	短路过渡或颗粒过渡	气冷或水冷	稳定、有飞溅	较好
药芯焊丝	气渣联合保护	交、直流，平或陡降外特性	细颗粒过渡	气冷	稳定、飞溅很小	光滑、平坦

CO_2气体保护焊接参数对焊缝质量的影响如图 6-3 所示。

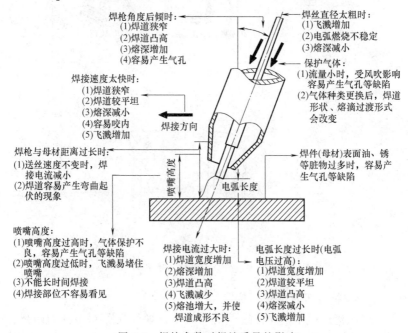

图 6-3　焊接参数对焊缝质量的影响

6.2 基本操作技术

6.2.1 焊枪操作要点

1. 持枪姿势

半自动 CO_2 焊接时，焊枪上接有焊接电缆、控制电缆、气管、水管及送丝软管等，焊枪的重量较大，焊工操作时很容易疲劳，很难握紧焊枪，影响焊接质量。因此，应该尽量减轻焊枪把线的重量，并利用肩部、腿部等身体的可利用部位，减轻手臂的负荷，使手臂处于自然状态，手腕能够灵活带动焊枪移动。正确的持枪姿势如图 6-4 所示。

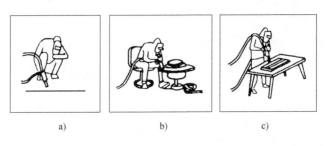

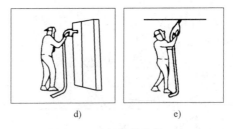

图 6-4　正确的持枪姿势

a) 蹲位平焊　b) 坐位平焊　c) 立位平焊　d) 站位立焊　e) 站位仰焊

2. 焊枪与工件的相对位置

在焊接过程中，应保持一定的焊枪角度和喷嘴到工件的距离，并能清楚地观察熔池。同时注意焊枪移动的速度要均匀，焊枪要对准坡口的中心线等。通常情况下，焊工可根据焊接电流的大小、熔池形状、装配情况等适当调整焊枪的角度和移动速度。

3. 送丝机与焊枪的配合

送丝机要放在合适的位置，保证焊枪能在需要焊接的范围内自由移动。焊接过程中，软管电缆最小曲率半径要大于 30mm，以便焊接时可随意拖动焊枪。

4. 焊枪摆动形式

为了控制焊缝的宽度和保证熔合质量，CO_2 气体保护焊焊枪要做横向摆动。焊枪的摆动形式及应用范围见表 6-3。

表 6-3　焊枪的摆动形式及应用范围

摆动形式	应用范围
直线运动,焊枪不摆动	薄板及中厚板打底层焊道
小幅度锯齿形或月牙形摆动	坡口小时,中厚板打底层焊道
大幅度锯齿形或月牙形摆动	焊厚板第二层以后的横向摆动
圆圈形摆动	填角焊或多层焊时的第一层
三角形摆动	主要用于向上立焊,要求长焊缝
往复直线运动,焊枪不摆动	焊薄板根部有间隔、坡口有铜垫板或施工物

为了减少输入线能量，从而减小热影响区，减小变形，通常不采用大的横向摆动来获得宽焊缝，多采用多层多道焊来焊接厚板。当坡口较小时，如焊接打底焊缝，可采用较小的锯齿形横向摆动，

如图 6-5 所示，其中在两侧各停留 0.5s 左右。当坡口较大时，可采用弯月形的横向摆动，如图 6-6 所示，两侧同样停留 0.5s 左右。

图 6-5　锯齿形的横向摆动　　　　图 6-6　弯月形的横向摆动

6.2.2　引弧操作要点

CO_2 气体保护焊的引弧不采用划擦式引弧，主要采用碰撞引弧，但引弧时不必抬起焊枪。具体操作步骤如下：

1）引弧前先按遥控盒上的点动开关或按焊枪上的控制开关，点动送出一段焊丝，焊丝伸出长度小于喷嘴与工件间应保持的距离，超长部分应剪去。当焊丝的端部出现球状时，必须剪去，否则引弧困难。

2）将焊枪按要求放在引弧处，注意此时焊丝端部与工件未接触，喷嘴高度由焊接电流决定，按焊枪上的控制开关，焊机自动提前送气，延时接通电源，并保持高电压、慢送丝，当焊丝碰撞工件短路后，自动引燃电弧。短路时，焊枪有自动顶起的倾向，故引弧时要稍用力向下压焊枪，保证喷嘴与工件间距离，防止因焊枪抬起太高导致电弧熄灭，如图 6-7 所示。

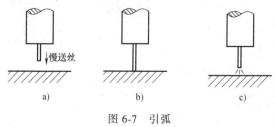

图 6-7　引弧
a）准备　b）短路　c）引燃电弧

6.2.3　收弧操作要点

CO_2 气体保护焊在收弧时，松开焊枪开关，保持焊枪到工件的距离不变。一般 CO_2 气体保护焊有弧坑控制电路，此时焊接电流与电弧电压自动变小，待弧坑填满后，电弧熄灭。

操作时需特别注意，收弧时焊枪除停止前进外，不能抬高喷嘴，即使弧坑已填满，电弧已熄灭，也要让焊枪在弧坑处停留几秒后才移开。因为灭弧后，控制线路会延迟送气一段时间，以保证熔池凝固时能得到可靠的保护，若收弧时抬高焊枪，则容易因保护不良产生焊接缺欠。

6.2.4 起焊和收尾操作要点

1. 焊缝起焊操作要点

在焊接的起始阶段，因母材温度较低，焊缝熔深较浅，容易引起母材和焊缝金属熔合不良。为了避免出现焊缝缺欠，应使用引弧板进行焊接，如图 6-8 所示。

在一般情况下，起焊端的焊道要稍高一些而熔深要稍小一些，因为工件正处于较低温度。为了克服这一缺点，可采用特殊的焊丝移动法，即在引弧后先将电弧稍拉长一些，以

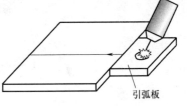

引弧板

图 6-8 焊缝端头的处理

达到对焊道适当预热的目的，然后再压缩电弧进行起始端的焊接。

起始端运丝法对焊道成形的影响如图 6-9 所示。

2. 焊缝收尾操作要点

在焊缝末尾的弧坑处，由于熔化金属的厚度不足而产生裂纹和缩孔。为了消除弧坑，可使用带有弧坑处理装置的焊机。该装置在弧坑位置能自动地将焊接电流减小到原来电流的 60%~70%，同时电弧电压也降到合适值，自行将弧坑填平。此外，还可采用多次断续引弧来填平弧坑。填平弧坑的停止程序如图 6-10 所示。

CO_2 弧焊机中不带有收弧控制电路或填满弧坑控制电路的弧焊机均为普通弧焊机。使用普通 CO_2 弧焊机收弧时应多次、反复地按动装在焊枪手柄上的"切断-接通"按钮。弧焊机在第一次按切断按钮（停焊开始）后，再经三次"切断-接通"按钮控制，每次

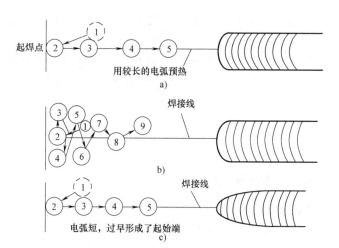

图 6-9　起始端运丝法对焊道成形的影响

a)、b) 成形好　c) 成形差

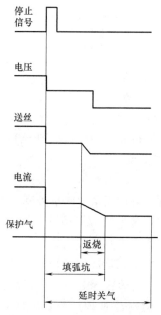

图 6-10　填平弧坑的停止程序

断弧时间为 $1\sim2s$，接通后电弧复燃时间约 $1s$（视弧坑大小而定），每经过一次通断，弧坑填补一次，经两三次便可填满弧坑。图 6-11 所示为普通 CO_2 弧焊机停焊填弧坑操作过程示意。

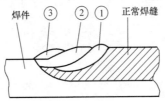

图 6-11　CO_2 弧焊机停焊填弧坑操作过程示意图

①~③—第 1~3 次"切断-接通"

6.2.5　焊接过程操作要点

CO_2 气体保护焊薄板对接一般都采用短路过渡，随着工件厚度的增大，大多采用颗粒过渡，这时熔深较大，可以提高单道焊的厚度或减小坡口尺寸。

1. 左焊法及右焊法

一般情况下采用左焊法，其特点是易观察焊接方向，熔池在电弧吹力的作用下熔化，金属被吹向前方，使电弧不作用在母材上，熔深较浅，焊道平坦且较宽，飞溅较大，保护效果好，如图 6-12 所示。在要求焊缝有较大熔深和较小飞溅时也可采用右焊法，但不易得到稳定的焊道，焊道高而窄，易烧穿，如图 6-13 所示。

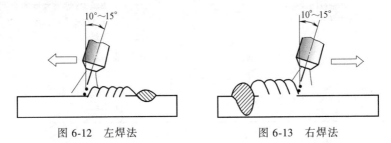

图 6-12　左焊法　　　　　　　　图 6-13　右焊法

不同形状的焊接接头左焊法与右焊法的比较见表 6-4。

表 6-4　不同形状的焊接接头左焊法与右焊法的比较

接头形式	左焊法	右焊法
薄板焊接 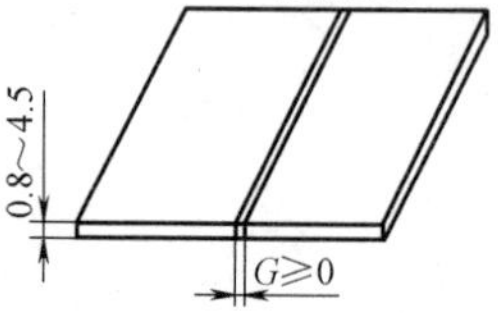 0.8~4.5 $G \geq 0$	可得到稳定的背面成形,焊道宽而矮;G 较大时采用摆动法易于观察焊接线	易烧穿;不易得到稳定的背面焊道;焊道高而窄;G 大时不易焊接
中厚板的背面成形焊接 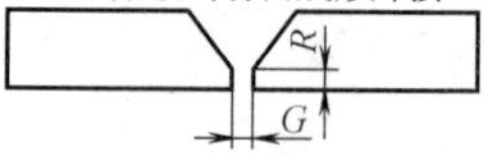 R G R、$G \geq 0$	可得到稳定的背面成形,G 大时摆动,根部能焊好	易烧穿;不易得到稳定的背面焊道;G 大时最易烧穿
水平角焊缝焊接 焊脚尺寸在8mm以下 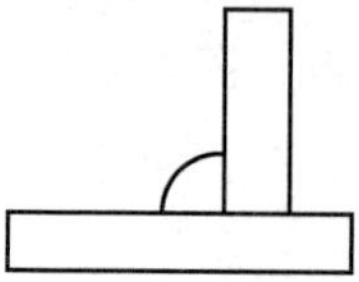	易于看到焊接线,便于正确地瞄准,焊缝周围易附着细小的飞溅	不易看到焊接线,但可看到余高;余高易呈圆弧状;基本上无飞溅;根部熔深大
船形焊,焊脚尺寸在10mm以下 	余高呈凹形,因此熔化金属向焊枪前流动,焊脚处易形成咬边;根部熔深浅(易造成未焊透);摆动易造成咬边,焊脚过大时难焊	余高平滑,不易发生咬边;根部熔深大;易看到余高,因熔化金属不超前,焊缝宽度、余高均容易控制
水平横焊 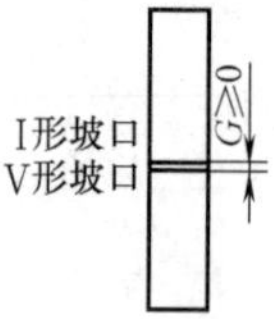 I形坡口 V形坡口 $G \geq 0$	容易看清焊接线;G 较大时也能防止烧穿,焊道齐整	熔深大,易烧穿;焊道成形不良、窄而高、飞溅少;焊道宽度和余高不易控制,易生成焊瘤
高速焊接 (平、立、横焊等)	可通过调整焊枪角度防止飞溅	易产生咬边,且易呈沟状连续咬边;焊道窄而高

2. 焊接方向

焊接方向包括前进法及后退法,如图 6-14 所示。

图 6-14　焊接方向

（1）前进法特点　电弧推着熔池走，不直接作用在工件上，焊道宽且平，容易观察焊缝，气体保护效果好，熔深小，但飞溅较大，适用于开 V 形坡口的板材的打底焊，也适用于焊脚高度为 7~8mm 的平角焊。

（2）后退法特点　电弧躲着熔池走，直接作用在工件上，熔深大，容易观察焊缝，气体保护效果不太好，焊道宽度小但高度大，适用于 V 形坡口的填充焊。对于使用药芯焊丝进行焊接的操作，这种方法采用较多。

3. 焊枪倾角

焊枪倾角对焊缝成形的影响如图 6-15 所示。

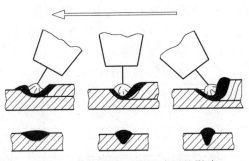

图 6-15　焊枪倾角对焊缝成形的影响

采用前倾焊法焊接时，焊枪倾斜后，喷口指向焊接方向，在电弧吹力的作用下，熔化的金属被吹向熔池的前方，使电弧不能直接作用到焊件金属表面，所以前倾焊法焊缝的熔深较浅，焊道平且宽，飞溅稍大。采用后倾焊法焊接时，焊枪倾斜后，喷口指向焊接方向的反向（即焊缝后方），电弧能够直接作用到焊件金属的表面，熔深较大，焊缝窄而高，飞溅略小。前倾焊法和后倾焊法的特点比较见表 6-5。

表 6-5　前倾焊法和后倾焊法的特点比较

焊接方法	熔深	焊道形状	工艺性	熔池保护效果	视野	适用范围
前倾焊法	浅	平整	不太好	好	焊接时易见熔池和坡口	1) 焊薄板 2) 中厚板无坡口两面焊第一道 3) 角焊缝船形位置焊第一道
后倾焊法	深	凸起	良好	良好	焊接时易见熔池和焊缝	中厚板和厚板带坡口

4. 焊丝直径

焊丝直径对焊缝熔深及熔敷速度有较大影响。当电流相同时，随着焊丝直径的减小，焊缝熔深增大，熔敷速度也增大。

CO_2 气体保护焊的实心焊丝直径的范围较窄，一般在 $\phi 0.4 \sim \phi 5mm$，半自动焊多采用 $\phi 0.4 \sim \phi 1.6mm$ 的焊丝，而自动焊常采用较粗的焊丝。焊丝直径应根据工件厚度、焊接位置及生产率的要求来选择。当进行薄板或中厚板的立焊、横焊、仰焊时，多选用 $\phi 1.6mm$ 以下的焊丝；在平焊位置焊接中厚板时可选用 $\phi 1.2mm$ 以上的焊丝。焊丝直径的选择见表 6-6。

表 6-6　焊丝直径的选择

焊丝直径/mm	工件厚度/mm	施焊位置	熔滴过渡形式
0.8	1~3	各种位置	短路过渡
1.0	1.5~6	各种位置	短路过渡
1.2	2~12	各种位置	短路过渡
	中厚	平焊、平角焊	细颗粒过渡
1.6	6~25	各种位置	短路过渡
	中厚	平焊、平角焊	细颗粒过渡
2.0	中厚	平焊、平角焊	细颗粒过渡

5. 焊接电流

焊接电流影响焊缝熔深及焊丝熔敷速度的大小。如果焊接电流过大，不仅容易产生烧穿、裂纹等缺欠，而且工件变形量大，飞溅也大；若焊接电流过小，则容易产生未焊透、未熔合、夹渣及焊缝成形不良等缺欠。通常，在保证焊透、焊缝成形良好的前提下，尽可能选用较大电流，以提高生产率。

每种直径的焊丝都有一个合适的焊接电流范围，只有在这个范围内焊接过程才能稳定进行。当焊丝直径一定时，随焊接电流增大，熔深和熔敷速度均相应增大。

焊接电流主要根据工件厚度、焊丝直径、焊接位置及熔滴过渡形式来决定。焊丝直径与焊接电流的关系见表 6-7。

表 6-7 焊丝直径与焊接电流的关系

焊丝直径/mm	电流范围/A	工件厚度/mm
0.6	40～100	0.6～1.6
0.8	50～150	0.8～2.3
0.9	70～200	1.0～3.2
1.0	90～250	1.2～6.0
1.2	120～350	2.0～10
>1.2	≥300	>6.0

不同焊接电流的喷嘴与工件距离如图 6-16 所示。

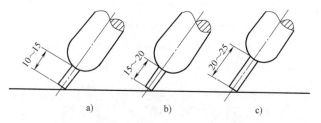

图 6-16 不同焊接电流的喷嘴与工件距离
a）200A 以下 b）350A c）350A 以上

6. 焊接电压

焊接电压应与焊接电流相配合，电压过高或过低都会影响电弧的稳定性，使飞溅增大。

1）通常短路过渡时，电流不超过 200A，电弧电压可用式 $U = 0.04I + 16 \pm 2$ 计算。式中 U 是电弧电压，单位为 V；I 是焊接电流，单位为 A。

2）细颗粒过渡时，焊接电流一般大于 200A，电弧电压可用式 $U = 0.04I + 20 \pm 2$ 计算。式中 U 是电弧电压，单位为 V；I 是焊接电流，单位为 A。

3）根据焊接位置的不同，焊接电流和电压也要进行相应修正，见表 6-8。

表 6-8　CO_2 气体保护焊不同焊接位置电流与电压的关系

焊接电流/A	电弧电压/V	
	平焊	立焊和仰焊
70~120	18~21.5	18~19
120~170	19~23.5	18~21
170~210	19~24	18~22
210~260	21~25	—

4）焊接电缆加长时，还要对电弧电压进行修正，表 6-9 所列为电缆长度与电流、电压增加值的关系。

表 6-9　电缆长度与电流、电压增加值的关系

电缆长度/m	电流/A				
	100	200	300	400	500
	电压/V				
10	约1	约1.5	约1	约1.5	约2
15	约1	约2.5	约2	约2.5	约3
20	约1.5	约3	约2.5	约3	约4
25	约2	约3.5	约4	约4	约5

5）不同焊丝直径与电压的匹配关系见表 6-10。

表 6-10　不同焊丝直径与电压的匹配关系

焊丝直径/mm	电弧形式	电弧电压/V
ϕ0.5	短弧	16~18
ϕ0.6	短弧	17~19
ϕ0.8	短弧	18~21
ϕ1.0	短弧	18~22
	长弧	13~28

（续）

焊丝直径/mm	电弧形式	电弧电压/V
φ1.2	短弧	19~23
	长弧	25~28
φ1.6	短弧	24~26
	长弧	26~40
φ2.0	短弧	27~36
φ2.5	长弧	28~42
φ3.0	长弧	32~44

7. 电源极性

CO$_2$气体保护焊一般都采用直流反接，具有电弧稳定性好、飞溅小及熔深大等特点。采用直流正接时，在相同的焊接电流下，焊丝熔化速度大大提高，约为反接时的 1.6 倍，焊接过程不稳定，焊丝熔化速度快、熔深浅、堆高大，飞溅增多，主要用于堆焊及铸铁补焊。

8. CO$_2$气体流量

在正常焊接情况下，保护气体流量与焊接电流有关，一般在 200A 以下焊接时为 10~15L/min，在 200A 以上焊接时为 16~25L/min。保护气体流量过大和过小都会影响保护效果。影响保护效果的另一个因素是焊接区附近的风速，在风的作用下，保护气流被吹散，使电弧、熔池及焊丝端头暴露于空气中，破坏保护气氛。一般当风速在 2m/s 以上时，应停止焊接。

9. 焊丝伸出长度

焊丝伸出长度是指导电嘴到工件之间的距离，焊接过程中，合适的焊丝伸出长度是保证焊接过程稳定的重要因素之一。由于 CO$_2$气体保护焊的电流密度较高，当送丝速度不变时，如果焊丝伸出长度增加，焊丝的预热作用较强，有时焊丝容易发生过热而成段熔断，焊丝熔化的速度较快，电弧电压升高，焊接电流减小，造成熔池温度降低，热量不足，容易引起未焊透等缺欠。同时电弧的保护效果变差，焊缝成形不好，熔深较浅，飞溅严重。当焊丝伸出长度减小时，焊丝的预热作用减小，熔深较大，飞溅少，如果焊丝伸出长度过小，会影响观察电弧，飞溅金属容易堵塞喷嘴，导电嘴容易过热烧坏，阻挡焊工视线，不利于操作。焊丝伸出长度如图 6-17 所示。

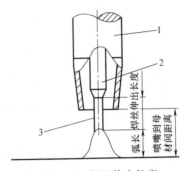

图 6-17　焊丝伸出长度
1—喷嘴　2—导电嘴　3—焊丝

焊丝伸出长度对焊缝成形的影响如图 6-18 所示。

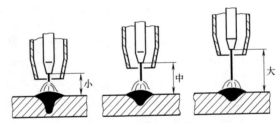

图 6-18　焊丝伸出长度对焊缝成形的影响

对于不同直径、不同材料的焊丝，允许的焊丝伸出长度不同。焊丝伸出长度的允许值见表 6-11。

表 6-11　焊丝伸出长度的允许值

焊丝直径/mm	焊丝伸出长度/mm
0.8	5~12
1.0	6~13
1.2	7~15
1.6	8~16
≥2.0	9~18

10. 不同位置的焊接操作要点

不同位置的焊接操作要点见表 6-12。

表 6-12　不同位置的焊接操作要点

焊接位置	示意图	操作要点
平对接焊	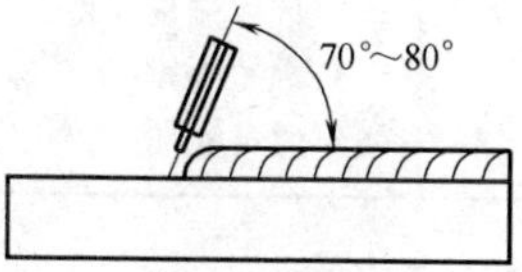 70°~80° 水平直焊缝示意图	1）一般用左焊法，容易观察坡口，使焊缝成形好 2）夹角不能过小，以免保护不好，产生气孔 3）焊厚板时，为得到一定宽度，可横向摆动，但要注意焊丝与熔池的距离，不能插入坡口间隙中
平角接焊	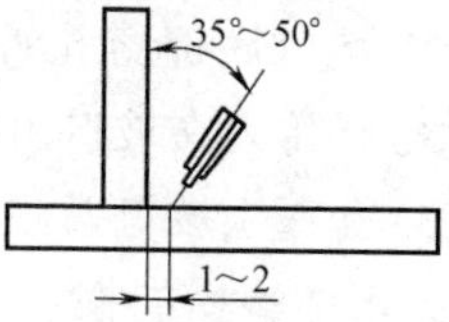 35°~50° 1~2 水平角焊缝示意图	1）若采用短弧焊接，焊枪与焊件角度可采用 45°，焊丝轴线对准水平板处 1~2mm 2）若采用长弧焊接，焊枪与焊件角度为左图中所示
平搭接焊	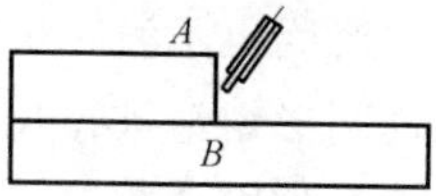 A B 平搭接焊示意图	上板为薄板时，焊丝对准 A 点 上板为厚板时，焊丝对准 B 点
立焊	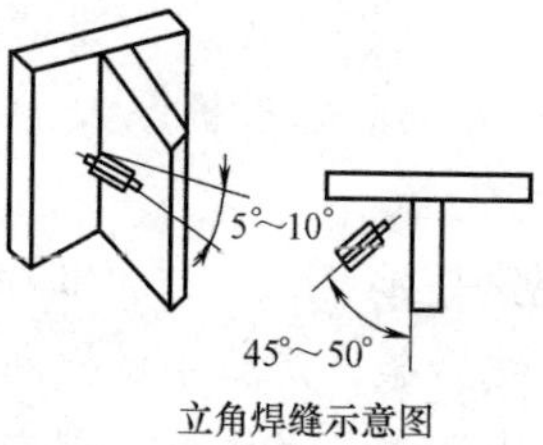 5°~10° 45°~50° 立角焊缝示意图	1）当采用细丝短路过渡时，应从上至下焊接，焊枪略向下倾，气体流量比平焊时稍大。但熔深大，堆高较大，成形差 2）当用 1.6mm 焊丝颗粒过渡（长弧焊）时，和焊条电弧焊相似，自下向上焊接，电流应取下限，以防止熔化金属下淌
横焊	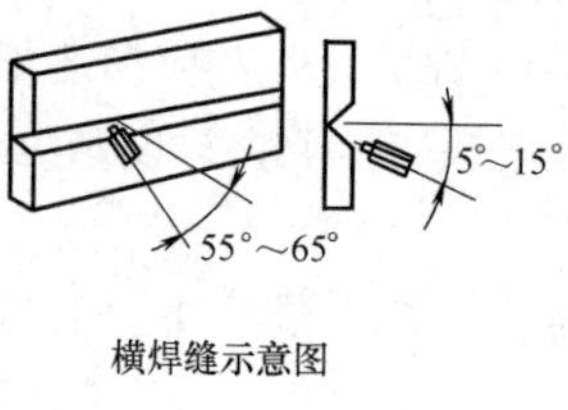 5°~15° 55°~65° 横焊缝示意图	1）横焊的焊接规范与立焊时相同 2）焊枪可做小幅度前后直线或往复运动 3）防止温度过高，熔池金属下淌 4）焊枪与焊缝水平线夹角及焊缝之间的夹角，应按左图所示

（续）

焊接位置	示意图	操作要点
仰焊	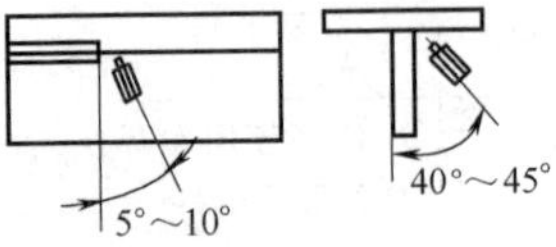 仰角焊缝示意图 5°~10°　40°~45°	1）应适当减小焊接电流，焊枪可做小幅度直线或往复摆动，防止熔化金属下淌 2）气体流量要稍大一些 3）焊枪与竖板夹角及向焊接方向倾斜的角度，应按左图所示

1）平焊时，在离工件右端定位焊焊缝约 20mm 坡口的一侧引弧，然后开始向左焊接，焊枪沿坡口两侧做小幅度横向摆动，并控制电弧在离底边 2~3mm 处燃烧，当坡口底部熔孔直径达 3~4mm 时，转入正常焊接。打底焊接时，电弧始终在坡口内做小幅度横向摆动，并在坡口两侧稍作停顿，使熔孔深入坡口两侧各 0.5~1mm，焊接时应根据间隙和熔孔直径的变化调整横向摆动幅度和焊接速度，尽可能维持熔孔直径不变，以获得宽窄和高低均匀的反面焊缝并能有效防止气孔的产生；熔池停留时间也不宜过长，否则易出现烧穿。正常熔池呈椭圆形，若出现椭圆形熔池被拉长，即为烧穿前兆。此时应根据具体情况，改变焊枪操作方式来防止烧穿；严格控制喷嘴的高度，电弧必须在离坡口底部 2~3mm 处燃烧。

2）立焊时，有向上焊接和向下焊接两种。一般情况下，板厚不大于 6mm 时，采用向下立焊的方法，如果板厚大于 6mm，则采用向上立焊的方法。

在工件的顶端引弧，注意观察熔池，待工件底部完全熔合后，开始向下焊接。焊接过程采用直线运条，焊枪不做横向摆动。由于铁液自重影响，为避免熔池中铁液流淌，在焊接过程中焊枪应始终对准熔池的前方，对熔池起到上托的作用。如果掌握不好，则会出现铁液流到电弧的前方，如图 6-19 所示。此时应加速焊枪的移动，并减小焊枪的角度，靠电弧吹力把铁液推上去，以避免产生焊瘤及未焊透缺欠。

当采用短路过渡方式焊接时，焊接电流较小，电弧电压较低，焊接速度较快。

向上立焊时的熔深较大，容易焊透。虽然熔池的下部有焊道依托，但熔池底部是个斜面，熔融金属在重力作用下比较容易下淌，因此，很难保证焊道表面平整。为防止熔融金属下淌，必须采用比平焊稍小的电流，焊枪的摆动频率应稍快，采用锯齿形节距较小的摆动方式进行焊接，使熔池小而薄，熔滴过渡采用短路过渡形式。向上立焊时的熔孔与熔池如图6-20所示，向上立焊时的焊枪角度如图6-21所示。

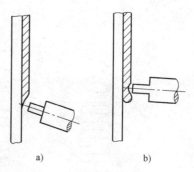

图 6-19　焊枪与熔池的关系
a）正常　b）不正常

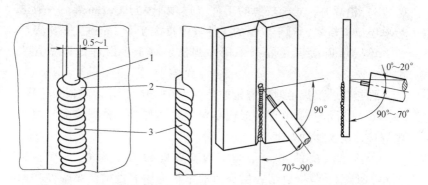

图 6-20　立焊时的熔孔与熔池
1—熔孔　2—熔池　3　焊缝

图 6-21　向上立焊时的焊枪角度

向上立焊时的摆动方式如图6-22所示。当要求较小的焊缝宽度时，一般采用如图6-22a所示的小幅度摆动，此时热量比较集中，焊道容易凸起，因此在焊接时，摆动频率和焊接速度要适当加快，严格控制熔池温度和熔池大小，保证熔池与坡口两侧充分熔合。当需要焊脚尺寸较大时，应采用如图6-22b所示的月牙形摆动方式，在坡口中心移动速度要快，而在坡口两侧稍加停留，以防止咬边。注意焊枪摆动要采用上凸的月牙形，不要采用如图6-22c所示的下凹月牙形。因为下凹月牙形的摆动方式容易引起铁液下淌和咬边，焊缝表面下坠，成形不好。

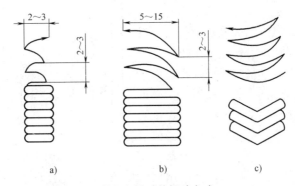

图 6-22　向上立焊时的摆动方式

a）小幅度锯齿形摆动　b）上凸月牙形摆动　c）不正确的月牙形摆动

3）横焊时，对于较薄的工件（厚度不大于 3.2mm），一般进行单层单道横焊，对于较厚的工件（厚度大于 3.2mm），采用多层焊。单层单道横焊一般都采用左焊法。对于多层焊，具体方法如下：

焊接第一层焊道时，焊枪的角度为 0°～10°，并指向顶角位置，如图 6-23 所示。采用直线形或小幅度摆动焊接，根据装配间隙调整焊接速度及摆动幅度。

焊接第二层的第一条焊道时，焊枪的角度为 0°～10°，如图 6-24 所示，焊枪以第一层焊道的下缘为中心做横向小幅度摆动或直线形运动，保证下坡口处熔合良好。

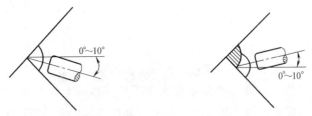

图 6-23　第一层焊接时焊枪的角度　　图 6-24　第二层第一条焊道的焊枪角度

焊接第二层的第二条焊道时焊枪的角度为 0°～10°，如图 6-25 所示。并以第一层焊道的上缘为中心进行小幅度摆动或直线形移动，保证上坡口熔合良好。

第三层以后的焊道与第二层类似，由下往上依次排列焊道，如图6-26所示。在多层焊中，中间填充层的焊道焊接参数可稍大些，而盖面焊时电流应适当减小。

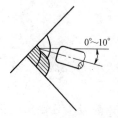

图6-25　第二层第二条焊道的焊枪角度　　图6-26　多层焊时的焊道排布

4）仰焊时，为了防止液态金属下坠引起的缺欠，通常采用右焊法，这样可增加电弧对熔池的向上吹力，有效防止焊缝背凹的产生，减小液态金属下坠的倾向；为了防止导电嘴和喷嘴间有粘结、阻塞等现象，一般在喷嘴上涂防堵剂；焊丝摆动间距要小且均匀，防止向外穿丝。当发生穿丝时，可以将焊丝回拉少许，把穿出的焊丝重新熔化掉再继续施焊。如果工件较厚，需开坡口采用多层焊。进行多层焊的打底焊时，与单层单道焊类似。填充焊时要掌握好电弧在坡口两侧的停留时间，保证焊道之间、焊道与坡口之间熔合良好。填充焊的最后一层焊缝表面应距离工件表面1.5~2mm，不要将坡口棱边熔化。盖面焊应根据填充焊道的高度适当调整焊接速度及摆幅，保证焊道表面平滑，两侧不咬边，中间不下坠。

6.2.6　焊接接头操作要点

接头的好坏直接影响焊接质量，一般有两种接头方法。

1）第一种接头处的处理方法如图6-27所示。

当对不需要摆动的焊道进行接头时，一般在收弧处的前方10~20mm处引弧，然后将电弧快速移到接头处，待熔化金属与原焊缝相连后，再将电弧引向前方，进行正常焊接。

摆动焊道进行接头时，在收弧处的前方10~20mm处引弧，然后以直线方式将电弧带到接头处，待熔化金属与原焊缝相连后，再

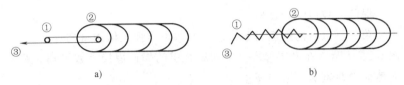

图 6-27 接头处的处理方法

a) 不摆动焊道 b) 摆动焊道

①~③—焊枪运动轨迹

从接头中心开始摆动，在向前移动的同时逐渐加大摆幅，转入正常焊接。

2）第二种接头处的处理方法：先将待焊接头处用磨光机打磨成斜面，如图 6-28 所示；在焊缝接头斜面顶部引弧，引燃电弧后，将电弧移至斜面底部，转一圈返回引弧处后再继续向左焊接，如图 6-29 所示。引燃电弧后向斜面底部移动时，要注意观察熔孔。若未形成熔孔则接头处背面焊不透；若熔孔太小，则接头处背面会产生缩颈；若熔孔太大，则背面焊缝太宽或焊漏。

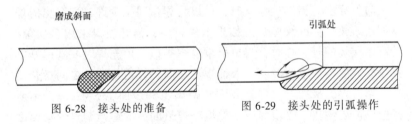

图 6-28 接头处的准备

图 6-29 接头处的引弧操作

6.3 板-管焊接技术

板-管焊接一般采用全位置焊接，焊接难度较大，要求对平焊、立焊和仰焊的操作都熟练。

1）水平固定全位置焊接时焊枪角度如图 6-30 所示。

2）焊接方向一般是先从时钟 7 点位置逆时针方向焊至 12 点位置，再从 7 点位置顺时针方向焊至 12 点位置，如图 6-31 所示。

3）当焊到一定位置时如果感到身体位置不合适，可灭弧保持焊枪位置不变，快速改变身体位置，引弧后继续焊接。

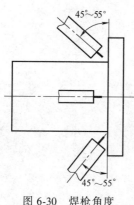
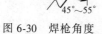

图 6-30　焊枪角度

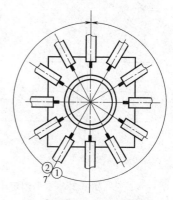

图 6-31　焊接顺序

4）在焊接过程中，焊至定位焊处时应将原焊点充分熔化，保证焊透。接头处要保证表面平整，填满弧坑，保证焊缝两侧熔合良好，焊缝尺寸达到要求。

5）如果采用两层两道焊接，在焊第一层时焊速要快些，以使焊脚尺寸较小，根部充分焊透，焊枪不摆动。在第二层焊接前，用钢丝刷将第一层焊缝表面的氧化物清理干净，焊接时允许焊枪摆动，保证两侧熔合良好，并使焊脚尺寸符合要求。

6.4　管-管焊接技术

6.4.1　管-管水平固定焊操作要点

管-管水平固定焊时，管子固定，轴线处于水平位置，焊接过程包括平焊、立焊及仰焊，属于全位置焊接。

1）焊接过程分前后两半周完成，焊枪的角度变化如图 6-32 所示。

2）焊前半周时，由时钟 6 点到 7 点位置处引弧开始焊接，至 12 点位置处停止，焊接时保证背面成形。

3）焊接过程中不断调整焊枪角度，严格控制熔池及熔孔的大小。

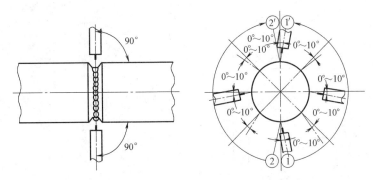

图 6-32   水平固定小径管对接焊时的焊枪角度

4）改变身体位置时如果发生灭弧现象，要注意断弧时不必填满弧坑，灭弧后焊枪不能立即拿开，等送气结束、熔池凝固后方可移开焊枪。

5）接头时为了保证接头质量，可将接头处打磨成斜坡形。

6）后半周焊接与前半周类似，处理好始焊端与封闭焊缝的接头。

7）如果需要加盖面焊，则焊枪要稍加横向摆动，保证熔池与坡口两侧熔合良好，焊缝表面平整光滑。

6.4.2　管-管水平转动焊操作要点

管-管水平转动对接焊时，由于管子可以转动，整个焊缝都在平焊位置，比较容易焊接。

1）用左手转动管件，右手拿焊枪，焊接时左右手动作协调进行。

2）由时钟 11 点位置处开始焊接，当焊至时钟 1 点位置时灭弧，快速将管子转动一个角度后再开始焊接，如图 6-33 所示。

3）焊接时要使熔池保持在平焊位置，保证焊缝背面成形。

4）如果采用多层焊，盖面焊时焊枪适当做横向摆动，保证坡口两侧熔合良好。

5）其他操作要点与平焊相同。

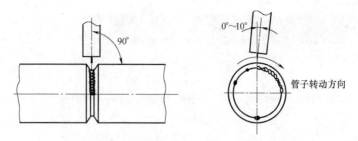

图 6-33　水平转动管对接焊的焊枪角度

6.4.3　管-管垂直固定焊操作要点

管-管垂直固定对接焊时，焊缝在横焊位置，操作要点与平板对接横焊相同，只是在焊接时要不断转动手腕来保证焊枪的角度，如图 6-34 所示。

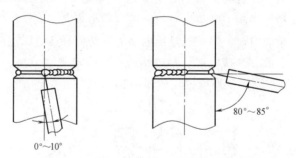

图 6-34　垂直固定小径管对接焊时的焊枪角度

一般情况下采用左焊法，首先在右侧的定位焊缝处引燃电弧，焊枪做小幅度横向摆动，当定位焊缝左侧形成熔孔后，开始进入正常焊接过程。尽量保持熔孔直径不变，从右向左依次焊接，同时不断改变身体位置和转动手腕来保证合适的焊枪角度。

如果采用多层焊，最后盖面焊时，焊枪沿上下坡口做锯齿形摆动，并在坡口两侧适当停留，保证焊缝两侧熔合良好。

第7章

埋 弧 焊

7.1 基础知识

埋弧焊是电弧在焊剂层下燃烧而进行焊接的一种焊接方法。焊接过程中，颗粒状的焊剂由漏斗经软管均匀地堆敷在焊缝接口区，焊丝由焊丝盘经送丝机构和导电嘴送入焊接区，焊丝及送丝机构、焊剂漏斗和焊接制动盘装在一个可控制的小车上，工件和焊丝分别接焊接电源的两极，焊丝通过导电嘴的滑动接触与电源连接，焊接回路包括电源、焊接电缆、导电嘴、焊丝、电弧、熔池、工件等，如图7-1所示，焊缝形成过程如图7-2所示。

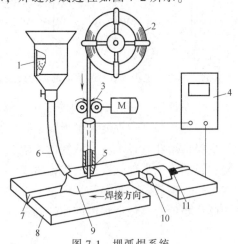

图 7-1 埋弧焊系统

1—焊剂漏斗 2—焊丝 3—送丝机构 4—电源 5—导电嘴 6—软管
7—坡口 8—母材 9—焊剂 10—熔敷金属 11—渣壳

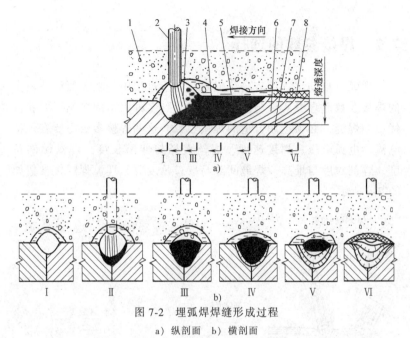

图 7-2 埋弧焊焊缝形成过程

a) 纵剖面 b) 横剖面

1—焊剂 2—焊丝 3—电弧 4—熔池 5—熔渣 6—焊缝 7—焊件 8—渣壳

埋弧焊有自动埋弧焊和半自动埋弧焊两种方式。自动埋弧焊的送丝和行走都是自动完成的，而半自动埋弧焊的送丝是自动的，行走是手动的。

埋弧焊的分类如图 7-3 所示。

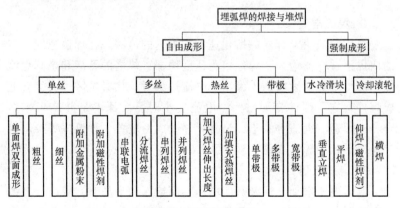

图 7-3 埋弧焊的分类

7.2 焊接参数的选择

埋弧焊自动化程度较高，但是在焊接过程中仍然需要调节较多的焊接参数。焊缝质量与成形的好坏受到多种因素的影响，要获得优质的焊缝，必须选用合适的焊接参数。这些焊接参数主要有焊接电流、电弧电压、焊接速度、焊丝直径与伸出长度、焊丝倾斜角度、焊剂粒度与堆高、焊缝间隙与坡口角度等。埋弧焊焊接参数如图 7-4 所示。

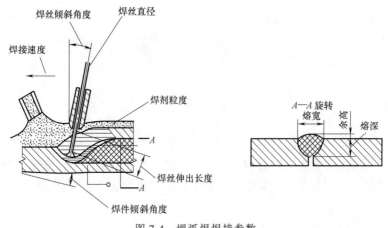

图 7-4　埋弧焊焊接参数

1. 焊接电流

焊接电流决定焊丝的熔化速度和焊缝的熔深。在焊接速度一定的前提下，电流增大，焊丝熔化速度增加，焊缝的熔深和余高也增加，而焊缝的宽度增加不大。但电流过大时，热影响区过大，会造成焊件烧穿、焊件变形增大。电流过小时，熔深不足并产生未熔合、未焊透、夹渣等缺陷，另外，焊缝成形较差。埋弧焊焊接电流对焊缝形状的影响如图 7-5 和图 7-6 所示。

2. 电弧电压

电弧电压增加，焊缝宽度增加，而熔深和余高略有减小。电弧电压的调节范围不大，它要随焊接电流的变化而做相应的调节，当

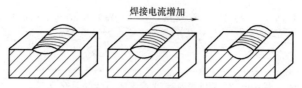

焊接电流增加

图 7-5 埋弧焊焊接电流对焊缝形状的影响（一）

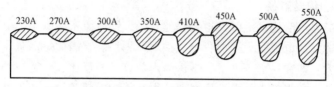

230A 270A 300A 350A 410A 450A 500A 550A

图 7-6 埋弧焊焊接电流对焊缝形状的影响（二）

焊接电流增加时，注意要适当地增加电弧电压，以保证焊缝成形美观。埋弧焊电弧电压对焊缝形状的影响如图 7-7 所示。

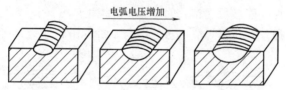

电弧电压增加

图 7-7 埋弧焊电弧电压对焊缝形状的影响

3. 焊接速度

当其他条件不变时，焊接速度增大，开始时，熔深略有增加，而焊缝宽度减小，当速度增加到一定值以后，熔深和宽度均减小。余高随焊接速度的增大而略有下降。焊接速度过快易造成咬边、未焊透、气孔、焊缝粗糙不平等缺陷。焊接速度过慢则余高过高，熔池宽而浅，同时会造成焊瘤、夹渣、烧穿、焊缝不规则等缺陷。埋弧焊焊接速度对焊缝形状的影响如图 7-8 和图 7-9 所示。

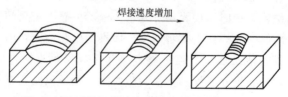

焊接速度增加

图 7-8 埋弧焊焊接速度对焊缝形状的影响（一）

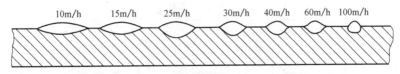

图 7-9 埋弧焊焊接速度对焊缝形状的影响 (二)

4. 焊丝直径

当焊接电流一定时,增大焊丝直径,则电流密度减小、电弧截面积增大,电弧吹力减弱,电弧摆动作用加强,因而熔深减小、熔宽增大。即在一定条件下,熔深与焊丝直径成反比,熔宽与焊丝直径成正比。焊丝直径的选用主要依据所使用的焊接设备和工件的形状、尺寸。手工埋弧焊一般采用 φ2mm 以下的焊丝,埋弧自动焊机多数采用粗焊丝。采用细焊丝焊接时,焊波细密光滑,成形美观且脱渣容易,所以小直径焊丝对于难清渣、深而窄的坡口焊接特别适宜。粗焊丝能够承受较大的电流,焊接生产率高,适合大型工件的焊接。焊丝直径对焊缝形状的影响如图 7-10 所示。

图 7-10 焊丝直径对焊缝形状的影响

5. 焊丝倾斜角

埋弧焊生产中,大多数情况是焊丝与焊件垂直。当焊丝与焊件不垂直布置,且焊丝与已焊完的焊缝夹角为锐角时,称为焊丝前倾,相反,呈钝角时称为焊丝后倾,如图 7-11 所示。焊丝倾斜对焊缝成形有明显影响。

平焊位置焊接时,如无特殊要求,焊丝一般不需要倾斜。

焊丝前倾时,焊接电弧将熔池金属推向电弧前方,由于电弧与母材间衬着熔池金属,电弧不能直接作用到母材上,焊缝熔深较小,熔宽较大,焊缝平滑,不易发生咬边。焊丝前倾角度对焊缝形状的影响如图 7-12 所示。当焊丝与已焊焊缝夹角在 45°~60° 时,与用垂直的焊丝进行焊接所得到的焊缝形状比较，熔深略减小，而焊缝宽度略增大。高焊速或薄板焊接时常将焊丝前倾布置，防止烧穿。

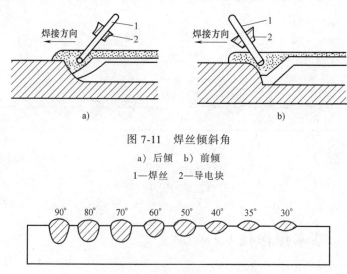

图 7-11　焊丝倾斜角

a）后倾　b）前倾

1—焊丝　2—导电块

图 7-12　前倾角度对焊缝形状的影响

　　焊丝后倾时，熔池金属被电弧推向后方，向前移动的电弧直接作用在熔池底部的母材上，熔池表面受到电弧的辐射热能量显著减少，因此，焊缝熔深大而熔宽小，余高增大，从而其焊缝成形系数减小，这对防止焊缝中产生气孔和裂纹是不利的，而且容易造成焊缝边缘未熔合或咬边，使焊缝成形变差。焊丝后倾角度对焊缝形状的影响与焊丝前倾情况正好相反。实际生产中，焊丝后倾通常只在某些特殊情况下使用，例如焊接小直径圆筒形的环焊缝或多丝埋弧焊等。多丝埋弧焊时，第一根焊丝采取后倾布置可以保证根部熔深。

6. 焊件角度

　　正常焊接时，焊件处于水平位置，焊缝成形美观；如果焊件倾斜，则称为斜坡焊，焊缝成形不好，如图 7-13 所示。其中斜坡焊又分为上坡焊和下坡焊，焊缝成形如图 7-14 所示。

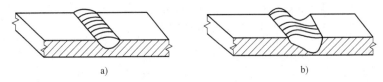

图 7-13　焊件平焊和斜坡焊

a）平焊　b）斜坡焊

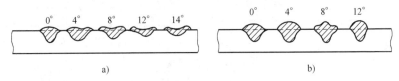

图 7-14　焊件倾斜对焊缝成形的影响

a）下坡焊　b）上坡焊

7.3　基本操作技术

7.3.1　引弧操作要点

埋弧自动焊接时，电弧引燃的方法有间接引弧和直接引弧两类。间接引弧是先使焊丝和工件短路，然后依靠它们之间的分离引燃电弧。而直接引燃电弧，即不使焊丝预先短路。

1. 直接引弧

直接引弧仅适用于采用大电流或用细焊丝焊接时，也就是在用大的电流密度焊接时的情况。为了便于引燃电弧，有经验的焊工在按下"启动"按钮时，打开焊机头或焊车的移动机构，并用手使焊机进行微微的往复运动。这时，焊丝末端便将与焊件接触处的不导电的焊剂颗粒刮掉，从而直接引弧。

2. 间接引弧

间接引弧的电弧是依靠焊机机头或焊车电动机的短时间逆转（改变电动机的回转方向）而引燃的。为了易于引燃电弧，可采取各种措施，如图 7-15 所示。图 7-15a 所示为将焊丝末端截成一个角度；图 7-15b 所示为在焊丝末端套上一个铅笔套似的锥体；图 7-15c 所示为焊丝不直接与工件短路，而通过一团细铁屑短路；图 7-15d 所示为当使用多焊丝时，使其中一条焊丝伸出一些，这样与工件相接触的焊丝只有一根。这些方法的目的均在于增加焊丝与工件接触处的电流密度。电流密度越大，电弧便越易引燃。电弧电源的空载电压也有很大的影响。空载电压越高，则电弧也越易引燃。

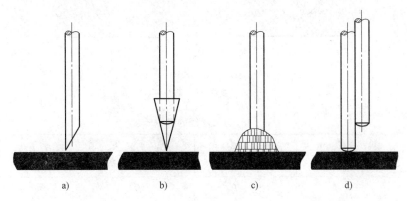

图 7-15　焊丝末端引弧方法

a) 倾斜法　b) 套尖帽法　c) 放置铁屑法　d) 多丝焊单丝引弧法

7.3.2　收弧操作要点

当在焊机固定而焊件移动的焊接装置上进行焊接时，弧坑是在焊丝不进给的情况下利用瞬时焊接法就地填平的。当按下"停止"按钮时，焊接运动和焊丝进给同时停止，电弧继续燃烧到自然熄灭为止。此时，根据焊剂的稳定性能，焊丝将熔化 10~20mm 长度，如图 7-16 所示。

7.3.3　定位焊操作要点

1. 装配定位焊

装配定位焊一般采用焊条电弧焊的方法，定位焊后要及时将焊道上的渣壳清除干净。定位焊缝的有效长度见表 7-1。

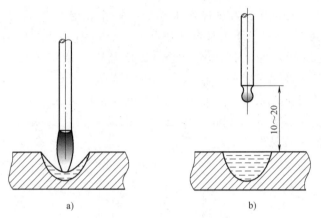

图 7-16 收弧

a）开始填补弧坑 b）弧坑填补结束

表 7-1 定位焊缝的有效长度

焊件厚度/mm	定位焊长度/mm	备注
≤3.0	40~50	300mm 内一处
>3.0~25	50~70	300~350mm 内一处
>25	70~90	250~300mm 内一处

2. 引弧板和引出板

引弧板和引出板应采用与工件相同的材料，长度为 100~150mm，宽度为 75~100mm，厚度与工件相同，其位置如图 7-17 所示。

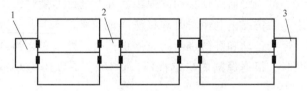

图 7-17 加引弧板和引出板的定位焊示意图

1—引弧板 2—过渡板 3—引出板

7.3.4 不同形式接头焊接操作要点

不同形式接头焊接操作要点见表 7-2。

表 7-2　不同形式接头焊接操作要点

接头形式	焊接方法	焊接技术	示意图
对接	单面焊	用于 20mm 以下中、薄板的焊接。焊件不开坡口，留一定间隙，背面采用焊剂垫或焊剂-铜垫，以实现单面焊双面成形。也可采用铜垫或锁底对接	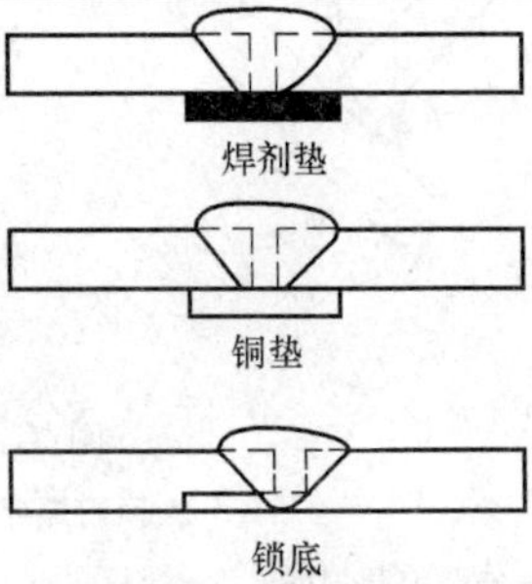 焊剂垫 铜垫 锁底
	双面焊	适用于中、厚板焊接。留间隙双面焊的第一面焊缝在焊剂垫上焊接；也可在焊缝背面用纸带承托焊剂，起衬垫作用；还可在焊第二面焊缝前，用碳弧气刨清好焊根后再进行焊接	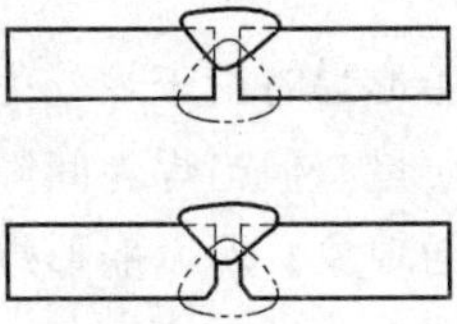
角接	角焊	每一道焊缝的焊脚高度在 10mm 以下 对焊脚高度大于 10mm 的焊缝，必须采用多层焊	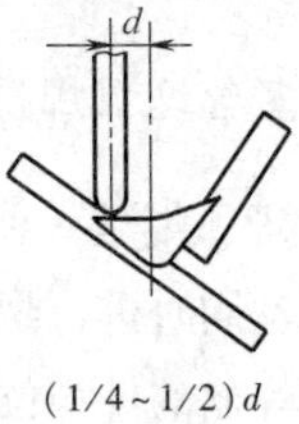 d $(1/4\sim1/2)d$
环焊缝	环缝焊接	为防止熔池中液态金属和熔渣从转动的焊件表面流失，焊丝位置要偏离焊件中心线一定距离 a，a 值随焊件直径的增大而减小，可根据试验来确定	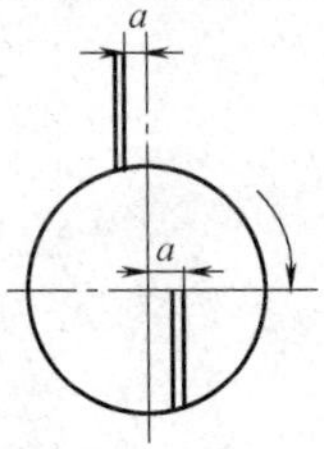 a

7.3.5　船形焊操作要点

船形焊的操作有多种方法，如手工预制焊缝、钢管绕石棉绳、铜衬垫等，如图 7-18 所示。

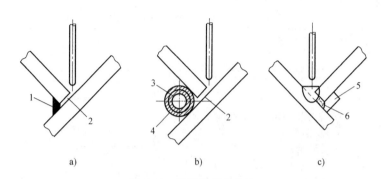

图 7-18 船形焊操作方法

a) 手工预制焊缝 b) 钢管绕石棉绳 c) 铜衬垫

1—手工预制焊缝 2—细粒焊剂 3—钢管 4—石棉绳 5—铜衬垫 6—普通焊剂

船形焊时由于焊丝为垂直状态，熔池处于水平位置，容易保证焊缝质量。但当焊件间隙大于 1.5mm 时则易产生焊穿或熔池金属溢漏的现象，所以船形焊要求严格的装配质量，或者在焊缝背面设衬垫。

7.3.6 多丝埋弧焊操作要点

多丝埋弧焊是一种高效的焊接工艺，是指焊接时采用两根或两根以上的焊丝同时进行焊接，目前常用的是双丝和三丝埋弧焊。双丝埋弧焊根据焊丝的排列位置可分为纵列式和横列式，如图 7-19 所示。

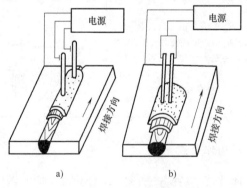

图 7-19 双丝埋弧焊

a) 纵列式 b) 横列式

从焊缝成形看，纵列式的焊缝深而窄，横列式的熔宽大。双丝焊可以合用一个电源，也可以使用两个独立电源，目前常用的是纵列式。纵列式可根据焊丝距离分为单熔池和双熔池两种，如图7-20所示。

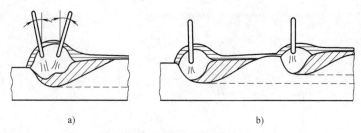

图 7-20　纵列式双丝埋弧焊
a）单熔池　b）双熔池

单熔池焊丝直径为 10～30mm，两个电弧形成一个熔池。焊缝成形取决于两个电弧的相对位置、焊丝倾斜角和各焊接电流和电弧电压。单熔池埋弧焊时，前导电弧保证熔深，后续电弧调节熔宽，使焊缝具有适当的形状，为此焊丝的距离要适当。双熔池埋弧焊时，两焊丝间距大于 100mm，每个电弧有各自的熔化空间，后续电弧作用在前导电弧已熔化而凝固的焊道上，而且必须冲开前一电弧熔化的尚未凝固的熔渣层。此法适于水平位置平板对接的单面焊双面成形焊接。

第8章

气焊和气割

8.1 气焊

8.1.1 基础知识

气焊是利用可燃气体与助燃气体混合燃烧后，产生的高温火焰对金属材料进行熔焊的一种方法，如图 8-1 所示，将乙炔和氧气在焊炬中混合均匀后，从焊嘴出燃烧火焰，将焊件和焊丝熔化后形成熔池，待冷却凝固后形成焊缝连接。气焊的优点是火焰对熔池的压力及对焊

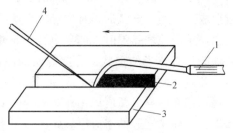

图 8-1　气焊原理

1—焊炬　2—焊缝　3—焊件　4—焊丝

件的热输入量调节方便，熔池温度、焊缝形状和尺寸、焊缝背面成形等容易控制。但由于气焊热源温度较低，加热缓慢，生产率低，热量分散，热影响区大，焊件有较大的变形，接头质量不高。

8.1.2 气焊设备

气焊所用设备及其连接如图 8-2 所示。

焊炬是气焊中的主要设备，它的构造多种多样，但基本原理相同。焊炬是气焊时用于控制气体混合比、流量及火焰并进行焊接的手持工具。焊炬有射吸式和等压式两种，常用的是射吸式焊炬，如图 8-3 所示。

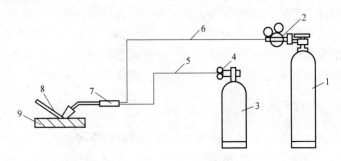

图 8-2　气焊设备及其连接

1—氧气瓶　2—氧气减压器　3—乙炔瓶　4—乙炔减压器

5—乙炔胶管（红色）　6—氧气胶管（黑色）

7—焊炬　8—焊丝　9—焊件

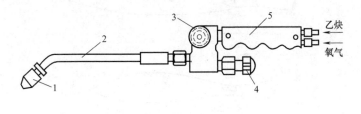

a)

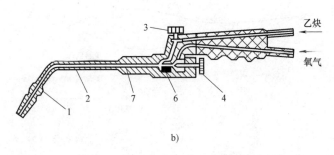

b)

图 8-3　射吸式焊炬外形图及内部构造

a）外形图　b）内部构造

1—焊嘴　2—混合管　3—乙炔调节阀　4—氧气调节阀

5—手柄　6—喷射孔　7—射吸管

它是由主体、手柄、乙炔调节阀、氧气调节阀、喷射管、喷射孔、混合室、混合管、焊嘴、乙炔管接头和氧气管接头等组成。工作原理是：打开氧气调节阀，氧气经喷射管从喷射孔快速射出，并在喷射孔外围形成真空而造成负压（吸力）；再打开乙炔调节阀，乙炔即聚集在喷射孔的外围；由于氧射流负压的作用，乙炔很快被吸入混合室和混合管，并从焊嘴喷出，形成了焊接火焰。

8.1.3 气焊火焰

常用的气焊火焰是乙炔与氧气混合燃烧所形成的火焰，也称氧乙炔焰。根据氧气与乙炔混合比的不同，氧乙炔焰可分为中性焰、碳化焰和氧化焰三种，其构造和形状如图 8-4 所示。

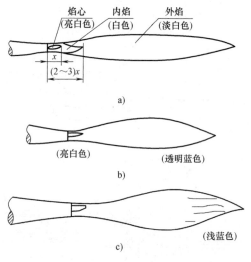

图 8-4　氧乙炔焰
a）碳化焰　b）中性焰　c）氧化焰
x—内焰长度

1. 碳化焰

氧气和乙炔的混合比<1.0 时燃烧形成的火焰称为碳化焰。碳化焰的整个火焰比中性焰长而软，它由焰心、内焰和外焰组成，而且这三部分均很明显。焰心呈亮白色，并发生乙炔的氧化和分解反

应；内焰有多余的碳，故呈白色；外焰呈淡白色，除燃烧产物 CO_2 和水蒸气外，还有未燃烧的碳和氢。碳化焰的最高温度为 2700~3000℃，由于火焰中存在过剩的碳微粒和氢，碳会渗入熔池金属，使焊缝的碳含量增高，故称碳化焰。

2. 中性焰

氧气和乙炔的混合比>1.0~1.2 时燃烧所形成的火焰称为中性焰，它由焰心、内焰和外焰三部分组成。焰心靠近喷嘴孔呈尖锥形，色白而明亮，轮廓清楚，在焰心的外表面分布着乙炔分解所生成的碳素微粒层，焰心的光亮就是由炽热的碳微粒所发出的，温度并不很高。内焰呈蓝白色，轮廓不清，并带深蓝色线条而微微闪动，它与外焰无明显界限。外焰由里向外逐渐由亮白色变为透明蓝色。中性焰的温度分布如图 8-5 所示。用中性焰焊接时主要利用内焰这部分火焰加热焊件。中性焰燃烧完全，对红热或熔化了的金属没有碳化和氧化作用。

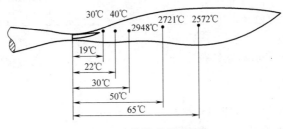

图 8-5 中性焰的温度分布

3. 氧化焰

氧化焰是氧气与乙炔的混合比>1.2 时的火焰。氧化焰的整个火焰和焰心的长度都明显缩短，只能看到焰心和外焰两部分。氧化焰中有过剩的氧，整个火焰具有氧化作用，故称氧化焰，氧化焰的最高温度可达 3300℃。氧化焰一般很少采用，仅适用于烧割工件和气焊黄铜、锰黄铜及镀锌铁皮，特别适合于黄铜类，因为黄铜中的锌在高温下极易蒸发，采用氧化焰时，熔池表面上会形成氧化锌和氧化铜的薄膜，起到抑制锌蒸发的作用。

气焊火焰的选择见表 8-1。

表 8-1　气焊火焰的选择

母材	火焰种类	母材	火焰种类
低、中碳钢	中性焰或乙炔稍多的中性焰	铬镍钢	中性焰或乙炔稍多的中性焰
低合金钢	中性焰	锰钢	氧化焰
纯铜	中性焰	镀锌铁板(皮)	氧化焰
铝及铝合金	中性焰或乙炔稍多的中性焰	高碳钢	碳化焰
铅、锡	中性焰或乙炔稍多的中性焰	硬质合金	碳化焰
青铜	中性焰或氧稍多的中性焰	高速工具钢	碳化焰
铬不锈钢	中性焰或乙炔稍多的中性焰	灰铸铁、可锻铸铁	碳化焰或乙炔稍多的中性焰
黄铜	氧化焰	镍	碳化焰或乙炔稍多的中性焰

8.1.4　气焊基本操作技术

1. 点火

右手持焊炬，将拇指放在乙炔调节阀处，食指放在氧气调节阀处，以便于随时调节气体流量，用其余三个手指握住炬柄。点火之前，先把氧气瓶和乙炔瓶上的总阀打开，然后转动减压器上的调压手柄，将氧气和乙炔调到所需的工作压力。再打开焊炬上的乙炔调节阀，把氧气调节阀稍开一点后点火（用明火点燃），如果氧气开得过大，点火时就会因为气流太大而出现"啪啪"的响声。点火时，手应放在焊嘴的侧面，不能对着焊嘴，以免点着后喷出的火焰烧伤手臂，如图 8-6 所示。有时会出现不易点燃的现象，这是因为氧气量过大，应将氧气调节阀关小一些。

为了保证气焊点火安全，可采用点火枪进行点火。点火枪结构如图 8-7 所示，它是利摩擦轮转动时与电石摩擦产生火花从而引燃从焊炬内喷出的可燃气体。

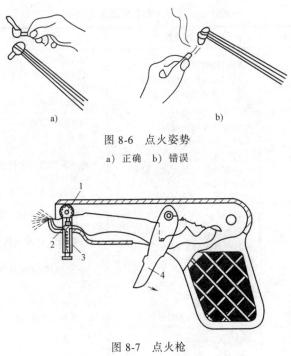

图 8-6 点火姿势

a) 正确 b) 错误

图 8-7 点火枪

1—小摩擦轮 2—电石 3—弹簧管 4—扣机

2. 调节火焰

刚点燃的火焰是碳化焰，然后逐渐开大氧气调节阀，改变氧气和乙炔的比例，根据被焊材料性质及厚薄要求，调到所需的中性焰、氧化焰或碳化焰。需要大火焰时，应先把乙炔调节阀开大，再调大氧气调节阀；需要小火焰时，应先把氧气调节阀关小，再调小乙炔调节阀。由于乙炔发生器供给的乙炔量经常变化，引起火焰性质极不稳定，中性焰经常自动变为氧化焰或碳化焰。中性焰变为碳化焰比较容易发现，但变为氧化焰不易察觉，所以在气焊操作时要经常观察火焰性质的变化，及时调整到所需的工作火焰状态。气焊火焰异常及消除方法见表 8-2。

3. 焊接方向

气焊操作是右手握焊炬，左手拿焊丝，可以向右焊（右焊法），也可向左焊（左焊法），如图 8-8 所示。

表 8-2 气焊火焰异常及消除方法

异常现象	产生原因	消除方法
火焰熄灭或火焰强度不够	1)乙炔管道内有水 2)回火保险器性能不良 3)压力调节器性能不良	1)清理乙炔管,排除积水 2)把回火保险器的水位调整好 3)更换压力调节器
点火时有爆声	1)混合气体未排除 2)乙炔压力过低 3)气体流量不足 4)焊嘴孔径过大或变形 5)焊嘴阻塞	1)排除焊炬内空气 2)检查乙炔发生器或乙炔气瓶 3)排除供气管内积水 4)更换焊嘴 5)清理焊嘴及射吸管积炭
焊接中产生爆声	1)焊嘴过热,有脏物 2)气体压力未调好 3)焊嘴碰触焊件	1)熄火后仅开氧气进行水冷,清理焊嘴 2)检查乙炔和氧气压力是否适当 3)使焊嘴与焊件保持一定距离
氧气倒流	1)焊嘴阻塞 2)焊炬损坏,无射吸能力	1)清理焊嘴 2)更换或修理焊炬
回火(有"嘘嘘"声,焊炬把手发烫)	1)焊嘴孔道被污物阻塞 2)焊嘴孔道过大、变形 3)焊嘴过热 4)乙炔量不足 5)射吸力降低 6)焊嘴离焊件太近	1)关闭氧气 2)关闭乙炔 3)冷却焊炬 4)检查乙炔系统 5)检查焊炬 6)使焊嘴与焊缝熔池保持适当距离

(1)左焊法 左焊法是焊丝在前，焊炬在后，焊接火焰指向未焊金属。这种方法有预热作用，焊接速度较快，可减少熔深和

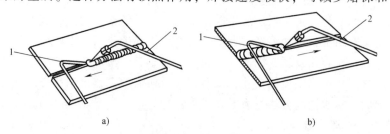

a)   b)

图 8-8 焊接方向
a) 左焊法 b) 右焊法
1—焊丝 2—焊炬

防止烧穿，操作方便，适宜焊接薄板。左焊法在气焊中被普遍采用。

（2）右焊法　右焊法是焊炬在前，焊丝在后，焊接火焰指向已焊好的焊缝。这种方法加热集中，熔深较大，火焰对焊缝有保护作用，容易避免气孔和夹渣，但较难掌握，很少使用。

4. 预热

在焊接开始时，将火焰对准接头起点进行加热，为了缩短加热时间，且尽快形成熔池，可将火焰中心（焊炬喷嘴中心）垂直于焊件并使火焰往复移动，以保证起焊处加热均匀。在焊件表面开始发红时将焊丝端部置于火焰中进行预热，当熔池即将形成时，将焊丝伸向即将形成的熔池，如图8-9所示。

5. 施焊

施焊时，要使焊嘴轴线的投影与焊缝重合，同时要掌握好焊炬与焊件的倾角 θ。焊件越厚，倾角 θ 越大；金属的熔点越高，倾角 θ 就越大。在开始焊接时，焊件温度尚低，为了较快地加热焊件和迅速形成熔池，θ 应该大一些（80°~90°），喷嘴与焊件接近垂直，使火焰的热量集中，尽快使接头表面熔化。正常焊接时，一般保持 θ 为 30°~45°。焊接将结束时，倾角可减至 20°，并使焊炬做上下摆动。焊炬的倾斜角与焊件厚度关系如图8-10所示。

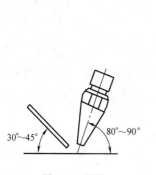

图 8-9　预热

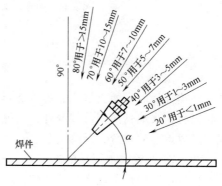

图 8-10　焊炬的倾斜角与焊件厚度关系

在气焊过程中，焊丝与焊件表面之间的夹角一般为 30°~40°，它与焊炬中心线的角度为 90°~100°，如图 8-11 所示。

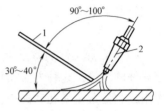

图 8-11　焊丝与焊件表面之间的夹角
1—焊丝　2—焊炬

焊丝除了上述运动外，还要做向熔池方向的送进运动，即焊丝末端在高温区和低温区之间做往复运动。焊丝摆动方式如图 8-12 所示。

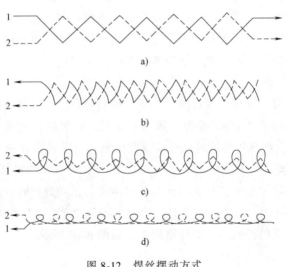

图 8-12　焊丝摆动方式
a) 右焊法　b)、c)、d) 左焊法
1—焊炬　2—焊丝

6. 火焰加热位置

加热焊件时应使火焰焰心尖端 2~4mm 处接触起焊点，焊件厚度相同时，火焰指向焊件接缝处，厚度不等时应偏向厚的一侧，以保证形成熔池的位置在焊缝上。

7. 焊接过程添加焊丝的方法

焊接过程中焊工应密切注意熔池的变化。在添加焊丝时将焊丝末端放入焊接火焰的内焰中，当焊丝形成熔滴滴入熔池后，应将焊炬均匀向前移动，使熔池沿焊件接缝处均匀向前移动，保持熔池形状和大小的一致，得到合格的焊缝。无论焊丝做何种摆动，应用内焰熔化焊丝，禁止用外焰熔化焊丝以防止熔滴被氧化。在整个焊接过程中，为获得整齐美观的焊缝，应使熔池的形状和大小保持一致。常见熔池的形状如图 8-13 所示。

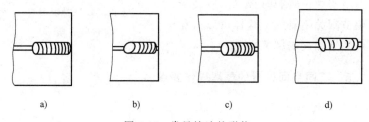

图 8-13　常见熔池的形状

a）椭圆形　b）瓜子形　c）扁圆形　d）尖瓜子形

8. 焊嘴运动方式

（1）沿焊缝方向向前运动　用来使熔池沿接缝向前运动，形成焊缝。

（2）垂直于焊缝上下跳动　焊嘴的这种运动是为了调整熔池温度和熔滴滴入熔池的速度，以保证焊缝高度均匀。

（3）沿焊缝宽度方向做横向运动　这种横向运动或圆圈状运动主要用焊接火焰增加熔池的宽度，以利于坡口边缘的熔合，并借助混合气体的冲击力搅拌熔池，最后得到质量优良的焊缝。

9. 接头及收尾

（1）接头　重新开始焊接时，每次应与前焊道重叠 5～10mm，此时少加焊丝或不加焊丝，能保证焊缝高度合适及圆滑过渡。

（2）收尾　焊缝末端，因工作散热条件变差、温度升高，易造成熔池面积加大、烧穿的缺欠。一般采用减小焊嘴与焊件的倾角、增大焊接速度、多加焊丝等措施使熔池降温。为防止收尾处出现气孔，采用停止焊接后抬高火焰的方法继续对熔池适当加热（即采用外焰保护熔池），使熔池凝固速度减慢，以利于溶池中的气体逸出，防止收尾处产生气孔。收尾时焊嘴与焊件表面之间的夹角为 20°～30°，如图 8-14 所示。

10. 熄火

焊接工作结束或中途停止时，必须熄灭火焰。正确的熄火方法是先顺时针方向旋转乙炔调节阀，直至关闭乙炔，再顺时针方向旋转氧气调节阀关闭氧气，这样可以避免出现黑烟和火焰倒袭。

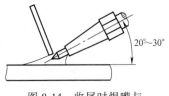

图 8-14　收尾时焊嘴与焊件间夹角

8.1.5　不同空间位置的气焊操作要点

1. 平焊

平焊是指焊缝朝上呈水平位置的焊接方式，是气焊中最常用的一种焊接方法。焊接开始时，焊炬与焊件的角度可大些，随着焊接过程的进行，焊炬与焊件的角度可以减小。焰心末端距焊件表面2~6mm，焊丝与焊炬的夹角应保持在80°~90°，焊丝要始终浸在熔池内部，并上下运动与焊件同时熔化，使两者在液态下能均匀混合形成焊缝，如图8-15所示。在气焊过程中如果发现熔合不良，可在母材充分熔化、熔池成形良好的情况下再重新送入焊丝。如果发现熔池温度过高，可采用间断焊法，将火焰稍微抬高以降低熔池温度，等熔池稍微冷却后再重新焊接。焊接结束后，焊嘴应缓慢提起，焊丝填满熔池凹坑，使熔池逐渐缩小，最后结束。

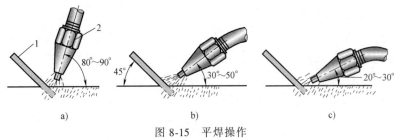

图 8-15　平焊操作

a）焊前预热　b）焊接过程中　c）焊接结束

1—焊丝　2—焊炬

2. 立焊

在焊件的竖直面上进行纵向的焊接，称为立焊。焊接火焰能率

（单位时间内可燃气体的消耗量，单位为 L/h）应较平焊小些，应严格控制熔池温度，焊炬火焰与焊件呈 60° 夹角，以借助火焰气流的压力托住熔池，避免熔池金属下滴。一般情况下，立焊操作时焊炬不能做横向摆动，仅能做上下移动，使熔池有冷却的时间，便于控制熔池温度，如图 8-16 所示。焊接过程中，如果熔池温度过高，液体金属即将下淌时，应立即将火焰向上提起使熔池温度降低，等熔池刚开始冷凝时将火焰迅速移回至熔池，继续进行正常焊接。此过程中应注意火焰提起不要过高，以保护熔池不被氧化。

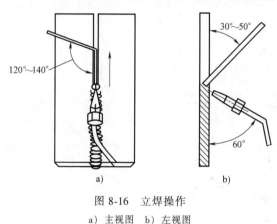

图 8-16　立焊操作

a）主视图　b）左视图

3. 横焊

横焊是指在焊件的竖直面上进行横向焊接的方法，可分为对接横焊及搭接横焊等类别。在进行横焊时，需使用较小的火焰能率控制熔池的温度，焊炬应向上倾斜，与焊件间的夹角保持在 65°～75°，利用火焰气流的压力托住熔化金属而避免其下淌。焊接薄板时，焊炬一般不做摆动，焊丝要始终浸在熔池中，如图 8-17 所示。

4. 仰焊

仰焊是指焊缝位于焊件的下面，需要仰视焊缝进行焊接的操作方法。仰焊时，应采用较小的火焰能率，严格控制熔池的面积，选择较细的焊丝，焊丝可浸入熔池做月牙形运动。当焊接开坡口及加厚的焊件时，宜采用多层焊。第一层要焊透，第二层使两侧熔合良好，形成均匀美观的焊缝，如图 8-18 所示。

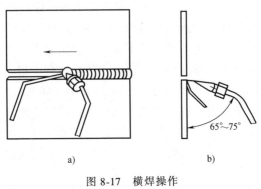

图 8-17 横焊操作

a) 主视图   b) 左视图

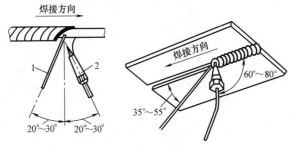

图 8-18 仰焊操作

1—焊丝   2—焊炬

8.2 气割

8.2.1 基础知识

气割即氧气切割，它是利用割炬喷出乙炔与氧气混合燃烧的预热火焰，将金属的待切割处预热到它的燃点，并从割炬的另一喷孔高速喷出纯氧气流，使切割处的金属发生剧烈的氧化，成为熔融的金属氧化物，同时被高压氧气流吹走，从而形成一条狭小整齐的割缝使金属被割开。因此，气割包括预热、燃烧、吹渣三个过程。气割原理与气焊原理在本质上是完全不同的，气焊是熔化金属，而气割是金属在纯氧中燃烧（剧烈的氧化），故气割的实质是"氧化"并非"熔化"。金属气割应满足两个条件：①金属的燃点应低于其熔点；②金属氧化物的熔点应低于金属的熔点。

8.2.2 气割设备

气割所用设备与气焊基本相同，氧气瓶、乙炔瓶和减压器同气焊一样，所不同的是气焊用焊炬，而气割要用割炬（又称割枪）。割炬比焊炬只多一根切割氧气管和一个切割氧调节阀。此外，割嘴与焊嘴的构造也不同，割嘴的出口有两条通道，周围的一圈是乙炔与氧气的混合气体出口，中间的通道为切割氧气（即纯氧）的出口，二者互不相通，割嘴有梅花形和环形两种，如图8-19所示。

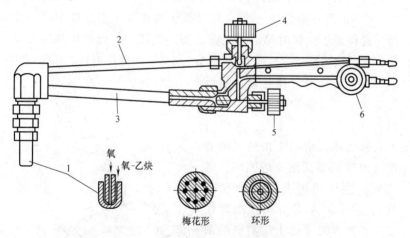

图 8-19　割炬结构

1—割嘴　2—切割氧管道　3—氧-乙炔混合管道
4—切割氧调节阀　5—预热氧调节阀　6—乙炔调节阀

割炬有三个调节阀，前面一个调节阀调节氧气流量大小，后面一个调节阀调节乙炔气流量大小，中间一个调节阀调节混合气体（氧气和乙炔气）流量大小，三个调节阀都是逆时针方向开、顺时针方向关。

8.2.3 气割基本操作技术

1. 准备

握割炬的姿势与气焊时一样，右手握住枪柄，大拇指和食指控制调节氧气调节阀，左手扶在割炬的高压管子上。点火动作与气焊时一样，首先把乙炔调节阀打开，氧气可以稍开一点。点着后将火焰调至中性焰（割嘴头部是一蓝白色圆圈），然后把高压氧气调节阀打开，看原来的加热火焰是否在氧气压力下变成碳化焰。同时还要观察在打开高压氧气调节阀时割嘴中心喷出的风线是否笔直清晰，然后方可切割。

2. 气割操作姿势

在手工气割时，应用较多的操作姿势是"抱切法"，双脚呈外"八"字形蹲在割件的一侧，右臂靠住右膝盖，左臂放在两腿中间，这样便于气割时移动。无论站姿还是蹲姿，都要做到重心平稳，手臂肌肉放松，呼吸自然，端平割炬，双臂依据切割速度的要求缓慢移动或随身体移动，割炬的主体应与被割物体的上平面平行。右手握住割炬手把，并以右手大拇指和食指握住预热氧调节阀（便于调整预热火焰能率，且一旦发生回火能及时切断预热氧），左手的大拇指和食指握住切割氧调节阀（便于切割氧的调节），左手的其余三指平稳地托住射吸管，使割炬与割件保持垂直。气割操作姿势如图 8-20 所示。

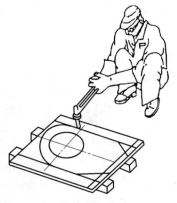

图 8-20　气割操作姿势

3. 气割方向

切割速度对气割质量影响很大。切割速度正常时，熔渣的流动方向基本与割件表面垂直，如图 8-21a 所示；切割速度过快时，会产生较大的后拖量，如图 8-21b 所示。

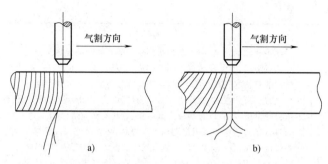

图 8-21　熔渣流动方向与切割速度的关系

a）速度正常　b）速度过快

4. 气割的基本操作步骤

气割的基本操作步骤见表 8-3。

表 8-3　气割的基本操作步骤

操作步骤	要求说明
点火	1）点火之前先检查割炬的射吸力,若割炬的射吸力不正常,则应查明原因,修复后才能使用,或者更换新的割炬 2）用点火枪点火时,手要避开火焰,以免烧伤 3）需将火焰调节为中性焰,也可是轻微的氧化焰,禁止使用碳化焰 4）打开割炬上的切割氧调节阀,增大氧气流量,观察切割氧流的形状（即风线形状）,风线应为笔直而清晰的圆柱体,并有适当长度 5）关闭切割氧调节阀,并准备起割
起割	1）双脚呈"八"字形蹲在割件的一旁,右臂靠右膝盖,左臂悬空在两脚中间,右手握住割炬手把,并以左手的拇指和食指捏住预热氧调节阀（以便于调整预热火焰和发生回火时及时切断预热气源）,左手的其余三指平稳地托住混合气管,眼睛注视割嘴和割线 2）起割点应在割件的边缘,待边缘预热到呈亮红色时,将火焰略微移动至边缘以外,同时,慢慢打开切割氧调节阀,当看到预热的红点在氧流中被吹掉,再进一步加大切割氧调节阀 3）割件割透后,割炬即可根据割件的厚度以适当的速度开始自右向左移动 4）如果割件在起割处的一侧有余量,则可以从有余量的地方起割,然后按一定的速度移至割线上,如果割线两侧没有余量,则起割时应小心 5）慢慢加大切割氧调节阀的同时,要随即把割嘴往前移动,不能停止不动,否则氧流将被返回的气流扰乱,在该处周围出现较深的沟槽

（续）

操作步骤	要求说明
正常气割过程	1）割炬移动的速度要均匀，割嘴到割件的表面距离应保持一定 2）若要更换位置，应预先关闭切割氧调节阀，将身体的位置移好后，再将割嘴对准割缝的气割处适当加热，慢慢打开切割氧调节阀，继续向前气割 3）在气割薄钢板时，操作者要移动身体，则在关闭切割氧的同时，使火焰迅速离开钢板表面，以防因板薄受热快，引起变形或熔化 4）在气割过程中出现鸣爆和回火现象时，必须迅速关闭预热氧调节阀和切割氧调节阀，及时切断氧气，防止氧气倒流入乙炔管内，出现回火
停割	1）气割过程临近终点停割时，为使钢板的下部提前割透，使割缝在收尾处较整齐，割嘴应沿气割方向的反向倾斜一个角度 2）停割后要仔细消除割口周边上的挂渣

5. 气割接头

切割过程中不可避免会有中间接头，所以中间的停火收尾必须保证根部割透，为接头创造良好的条件。一般在停火处后 10～20mm 开始引燃金属后正常行走。

第9章

碳 弧 气 刨

9.1 基础知识

　　碳弧气刨的工作原理如图 9-1 所示。在工作时，利用炭棒或石墨棒与工件之间产生的电弧热将金属熔化，同时在气刨枪中通以压缩空气流，利用压缩空气将熔化的金属吹掉，随着气刨枪向前移动，在金属表面上加工出沟槽。碳弧气刨有很高的工作效率且适用性强，用自动碳弧气刨加工较长的焊缝和环焊缝的坡口，具有较高的加工精度，同时可减轻劳动强度。碳弧气刨可以用来开坡口、铲除焊根、去除缺欠、切割、清理表面、钻孔、刨除余高等，如图 9-2 所示。

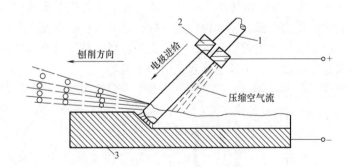

图 9-1　碳弧气刨的工作原理

1—电极　2—刨钳　3—工件

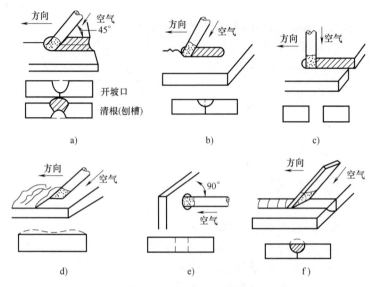

图 9-2 碳弧气刨的用途

a) 开坡口和铲除焊根 b) 去除缺欠 c) 切割 d) 清理表面 e) 钻孔 f) 刨除余高

9.2 碳弧气刨设备

图 9-3 所示为碳弧气刨设备的组成。它是以夹在碳弧气刨钳上的镀铜炭棒作为电极，工件作为另一极，通电引燃电弧使金属局部熔化，刨钳上的喷嘴喷出气流，将熔化的金属吹掉，以刨出坯料边缘用来焊接的坡口，去除毛刺和或切割下料等。

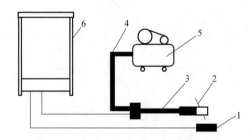

图 9-3 碳弧气刨设备的组成

1—母材 2—炭棒 3—碳弧气刨枪 4—碳弧气刨软管 5—空压机 6—焊机

　　碳弧气刨设备接电源的方式有两种，工件接焊机正极称为正接，否则称为反接。碳弧气刨的极性选择见表9-1。

表 9-1　碳弧气刨的极性选择

极性	反接	正接	反接、正接均可
工件材料	碳钢、低合金钢、不锈钢	铜及其合金、铸铁	铝及其合金

9.3　碳弧气刨操作技术

　　碳弧气刨的全过程包括引弧、刨削、收弧等工序。

　　引弧前先用石笔在钢板上沿长度方向每隔 40~50mm 画一条基准线，起动焊机，开始引弧，将炭棒向下进给，暂时不往前运行，待刨到所要求的槽深时，再将炭棒平稳地向前移动。

　　刨削过程中，通常采用的刨削方式是将压缩空气吹偏一点，使大部分熔渣能翻到槽的外侧（但不能使渣吹向操作者一侧）。为使电弧保持稳定，刨削时要保持均匀的刨削速度，并尽量保持等距离的弧长。若听到均匀清脆的"嘶、嘶"声，则表示电弧稳定，可得到光滑均匀的刨槽。炭棒与工件的倾角维持在 25°~45°之间，如图9-4 所示。刨槽深度与炭棒倾角的关系见表9-2。炭棒的中心线要与刨槽的中心线重合，炭棒沿着钢板表面所划的基准线做直线往前移动，不要做横向摆动和前后往复摆动。

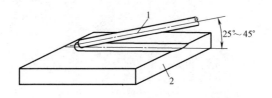

图 9-4　炭棒倾角

1—炭棒　2—刨件

表 9-2　刨槽深度与炭棒倾角的关系

刨槽深度/mm	2.5	3.0	4.0	5.0	6.0
炭棒倾角(°)	25	30	35	40	45

刨削过程中各工艺参数的选择见表 9-3。

表 9-3　刨削过程中各工艺参数的选择

板厚 /mm	炭棒直径 /mm	刨削电流 /A	气体压力 /MPa	伸出长度 /mm	弧长 /mm	极性
3~6	4	160~190	0.3~0.4	50~60		
6~10	5~8	200~240	0.4~0.45	80~90	2~3	直流反接
10~14	8	240~280	0.45~0.5	80~100		
14~20	10	270~320	0.5~0.6	80~120		

刨削过程中，坡口的刨削顺序如图 9-5 所示。

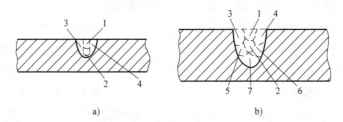

a)　　　　　　　　　b)

图 9-5　坡口的刨削顺序

a) 中厚板　b) 大厚板

1~7—刨削顺序

第10章
其他焊接方法

10.1　钎焊

钎焊是利用钎料，在低于母材熔点而高于钎料熔点的温度下，与母材一起加热，熔化钎料通过毛细管作用原理，扩散并填满钎缝间隙而形成牢固接头的一种焊接方法如图 1-4 所示。

钎焊接头基本上由三个区域组成：母材上靠近界面的扩散区、钎缝界面区和钎缝中心区。扩散区组织是钎料组分向母材扩散形成的；钎缝界面区组织是母材向钎料溶解、冷却后形成的，它可能是固溶体或金属间化合物；钎缝中心区由于母材的溶解和钎料组分的扩散以及结晶时的偏析，其组织也不同于钎料的原始组织。

一般情况下，钎焊包含着三个过程：一是钎剂熔化并填充间隙的过程；二是钎料熔化并填满钎缝的过程；三是钎料同母材相互作用并冷却凝固的过程。

钎焊时，钎剂在加热熔化后流入焊件间隙，同时熔化的钎剂与母材表面发生物化作用，从而清净母材表面，为钎料填缝创造条件。随着加热温度的继续升高，钎料开始熔化并填缝，钎料在排除钎剂残渣并填入焊件间隙的同时，熔化的钎料与固态母材间发生作用。当钎料填满间隙，经过一定时间保温后就开始冷却、凝固，完成整个钎焊过程。

常见钎焊接头形式如图 10-1 所示。

常用的钎焊方法分类如图 10-2 所示。

各种钎焊方法的特点及适用范围见表 10-1。

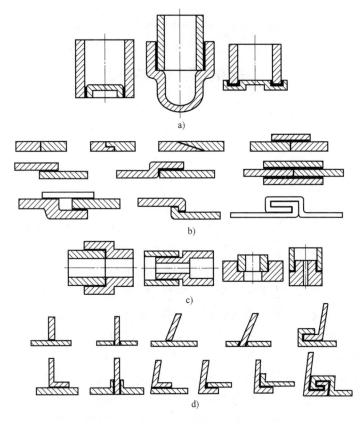

图 10-1 常见钎焊接头形式

a) 端面密封接头 b) 平板接头 c) 管件接头 d) T形和斜角接头

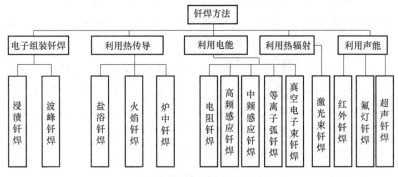

图 10-2 常用的钎焊方法

表10-1 各种钎焊方法的特点及适用范围

钎焊方法	主要特点		适用范围
	优点	缺点	
烙铁钎焊	设备简单,灵活性好,适用于微细钎焊	需使用钎剂	只能用于软钎焊,钎焊小件
火焰钎焊	设备简单,灵活性好	控制温度困难,操作技术要求较高	钎焊小件
金属浴钎焊	加热快,能精确控制温度	钎料消耗大,焊后处理复杂	用于软钎焊及批量生产
盐浴钎焊	加热快,能精确控制温度	设备费用高,焊后需仔细清洗	用于批量生产,不能钎焊密闭工件
波峰钎焊	生产率高	钎料损耗较大	只用于软钎焊及批量生产
电阻钎焊	加热快,生产率高,成本较低	控制温度困难,工件形状尺寸受限制	钎焊小件
感应钎焊	加热快,钎焊质量好	温度不能精确控制,工件形状受限制	批量钎焊小件
保护气体炉中的钎焊	能精确控制温度,加热均匀变形小,一般不用钎剂,钎焊质量好	设备费用高,加热慢,钎焊的工件含大量易挥发元素	大小件的批量生产,多钎缝工件的钎焊
真空炉中的钎焊	能精确控制温度,加热均匀变形小,能钎焊难焊的高温合金,不用焊剂,钎焊质量好	设备费用高,钎料和工件不宜含较多的易挥发元素	钎焊重要工件

10.2 电阻焊

将准备连接的工件置于两电极之间加压,并对焊接处通以电流,利用电流流过工件接头的接触面及邻近区域产生的电阻热加热,并形成局部熔化或达到塑性状态,断电后在压力继续作用下形成牢固接头的焊接方法称为电阻焊。电阻焊有两个最显著的特点:

1)采用内部热源,利用电流通过焊接区的电阻产生的热量进行加热。

2）必须施加压力，在压力作用下，通电加热、冷却，形成接头，所以电阻焊属于压焊。

电阻焊可加热到熔化状态，如点焊、缝焊等，也可仅加热到高温塑性状态，如电阻对焊。熔化金属可组成焊缝的主要部分，如点焊、缝焊的熔核，也可为组成焊缝而被挤出呈毛刺，如闪光对焊。所以电阻焊的焊缝可以是铸状组织，也可以是锻状组织。

电阻焊按接头形式可分为搭接电阻焊和对接电阻焊两种，搭接电阻焊又可分为点焊、缝焊及凸焊等，对接电阻焊又可分为对焊和滚焊两类，如图10-3所示。

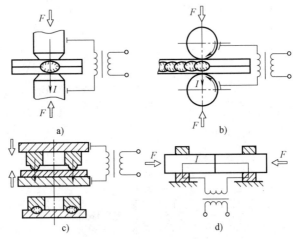

图 10-3　常见电阻焊种类

a）点焊　b）缝焊　c）凸焊　d）对焊

工件预压后开始加热时，因电流场的扩展及电极的散热，工件内部形成回转双曲面形的加热区。接合面上的一些接触点开始熔化，在其周围有晶粒长大及塑性变形的现象。随着通电时间的延长，焊接区温度不断上升，熔化区扩展。由于中心部位接合面散热困难，电极周围散热快，形成椭圆形熔化核心。其周围金属达到塑性温度区，在电极压力作用下形成将液态金属核心紧紧包围的环形塑性变形区，称为塑性环，如图10-4所示。

塑性环的作用有两点：一是防止液态金属在加热及压力作用下向板缝中心飞溅，二是避免外界空气对高温液态金属侵蚀。

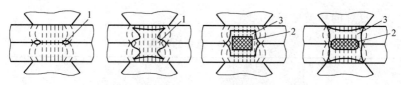

图 10-4　熔核生长过程示意图

1—加热区　2—熔化区　3—塑性环

10.2.1　点焊

将焊件装配成搭接接头，压紧在两电极之间，利用电阻热熔化母材金属，形成焊点的电阻焊方法称为点焊，如图 10-5 所示。

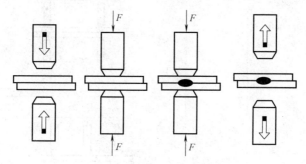

图 10-5　点焊过程示意图

焊点形状规则、均匀，焊点尺寸满足结构和强度要求，接头尺寸按表 10-2 计算。

表 10-2　确定点焊接头尺寸的经验公式

序号	经验公式	简图	备注
1	$d = 2\delta + 3$		h—熔核高度（mm）
2	$A = 30 \sim 70$[①]		d—熔核直径（mm）
3	$c \leq 0.2\delta$		A—焊透率（%） c—压痕深度（mm）
4	$e > 8\delta$		e—点距（mm） s—边距（mm）
5	$s > 6\delta$		δ—薄件厚度（mm）

① 焊透率 $A = (h/\delta) \times 100\%$。

点焊的种类见表 10-3。

表 10-3 点焊的种类

种类		示意图
双面供电(电极由工件的两侧向焊接处馈电)	双面单点焊	
	双面双点焊	
	双面多点焊	
单面供电(电极由工件的同一侧向焊接处馈电)	单面双点焊	
	单面单点焊	

（续）

种类		示意图
单面供电（电极由工件的同一侧向焊接处馈电）	单面多点焊	

10.2.2 凸焊

凸焊是利用工件原有型面、倒角、底面或预制的凸点，将其焊接到一块面积较大的工件上。因为是凸点接触，提高了单位面积上的压力与电流，有利于工件表面氧化膜的破裂与热量的集中，减小了分流电流，可用于厚度较大的工件的焊接。凸焊过程如图 10-6 所示。

10.2.3 缝焊

缝焊是用一对滚轮电极代替点焊的圆柱形电极，焊接的工件在滚盘之间移动，产生一个个熔核相互搭叠的密封焊缝将工件焊接起来的方法，其过程如图 10-7 所示。缝焊的焊缝由一个个焊点组成，按核心熔化重叠不同，可以分为滚点焊或气密缝焊。

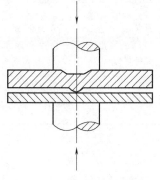

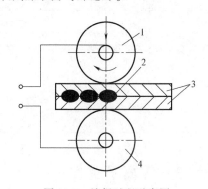

图 10-6 凸焊过程示意图

图 10-7 缝焊过程示意图

1—上电极 2—焊点 3—工件 4—下电极

当焊接小曲率半径工件时，由于内侧滚盘半径的减小受到一定限制，必然会造成熔核向外侧偏移，甚至使内侧工件未焊透，为此应避免设计曲率半径过小的工件。如果在一个工件上既有平直部分，又有曲率半径很小的部分，如摩托车油箱，为了防止小曲率半径处的焊缝未焊透，可以在焊到此部位时增大焊接电流。另外，滚盘直径不同或工件弯曲均可造成熔核偏移，如图 10-8 所示，设计时要尽量避免。

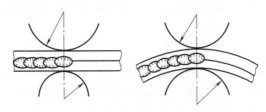

图 10-8　缝焊熔核偏移示意图

缝焊的种类及应用方法见表 10-4。

表 10-4　缝焊的种类及应用方法

缝焊种类	过程原理	特点	所需设备	应用范围
连续通电缝焊	滚盘连续转动，电流连续接通	完成焊点时压力逐渐减小，工件易过热，压坑深，焊接质量比点焊差，电极磨损快	最简单，一般是小型电动式工频交流焊机	各种钢材薄件或不重要件
断续通电缝焊	滚盘连续转动，电流断续接通	完成焊点时压力逐渐减小，工件和电极冷却好，质量略低于点焊	较简单，一般是大型工频交流焊机或电容储能焊机	各种钢材重要件，铝及铝合金异种金属不等厚或精密件
步进式缝焊	滚盘断续转动，电流在滚盘静止时接通	焊点质量与点焊相当	较复杂，一般是大型冲击波焊机	铝及铝合金重要件

10.3　等离子弧焊

借助外部约束条件使电弧的弧柱横截面受到限制时，电弧的温度、能量密度都显著增大，这种利用外部约束条件使弧柱受到限制压缩的电弧称为等离子弧。利用等离子弧作为热源进行熔化焊接的方法称为等离子弧焊。等离子弧有三种类型，如图 10-9 所示。

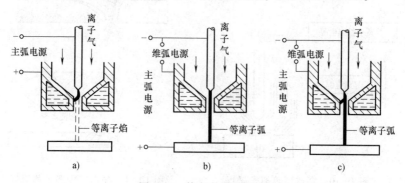

图 10-9 等离子弧的类型

a) 非转移型弧 b) 转移型弧 c) 联合型弧

等离子弧焊有三种基本焊接方法：穿透型等离子弧焊、微束等离子弧焊、熔透型等离子弧焊。

（1）穿透型等离子弧焊 利用小孔效应实现等离子弧焊的方法称为穿透型等离子弧焊，如图 10-10 所示。在对一定厚度范围内的工件进行焊接时，适当地配合电流、离子气流及焊接速度三个工艺参数，利用等离子弧能量密度大、挺直性好、离子流冲力大的特点，将工件完全熔透，并在熔池上产生一个贯穿焊件的小孔，离子流通过小孔从背面喷出，成形原理如图 10-11 所示。小孔周围的液态金属在电弧吹力、液态金属重力与表面张力作用下保持平衡。焊枪前进时，在小孔前沿的熔化金属沿着等离子弧柱流到小孔后面并逐渐凝固成焊缝。

（2）微束等离子弧焊 焊接电流为 30A 以下的熔透型焊接称为微束等离子弧焊，如图 10-12 所示。微束等离子通常采用联合弧，这时的非转移弧又称维弧，而用于焊接的转移弧又称主弧。由于非转移弧的存在，焊接电流小至 1A 以下时电弧仍具有较好的稳定性。微束等离子弧特别适合于薄板和细丝的焊接。

（3）熔透型等离子弧焊 当离子气流量较小，弧柱受压缩程

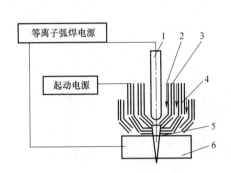

图 10-10 穿透型等离子弧焊
1—电极 2—离子气 3—冷却水
4—保护气 5—等离子弧 6—工件

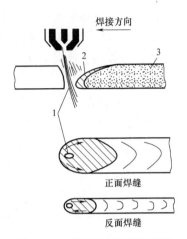

图 10-11 穿透型等离子弧焊焊
缝成形原理
1—小孔 2—熔池 3—焊缝

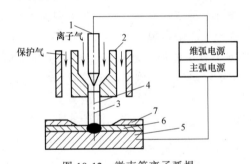

图 10-12 微束等离子弧焊
1—电极 2—喷嘴 3—等离子弧 4—维弧 5—垫板 6—工件 7—压板

度较弱时，等离子弧的穿透能力下降，焊接过程中只熔化工件而不
产生小孔效应，这种等离子弧焊称为熔透型等离子弧焊，又称熔入
型等离子弧焊。焊缝成形原理与氩弧焊类似，但焊接质量及焊接速
度要优于氩弧焊。

不同材料等离子弧焊的焊接参数见表 10-5，不同材料等离子弧
切割的工艺参数见表 10-6。

等离子弧焊机常见故障及解决方法见表 10-7，等离子弧焊常见
缺欠及解决措施见表 10-8。

表 10-5 不同材料等离子弧焊的焊接参数

焊接材料	工件厚度/mm	焊接速度/(cm/min)	焊接电流/A	电弧电压/V	气体流量/(L/min) 种类	气体流量/(L/min) 等离子气体	气体流量/(L/min) 保护气体	工艺方法
低碳钢	3	30.4	185	28	Ar	6.07	28	穿透
低合金钢	6	35.4	275	33	Ar	7	28	穿透
不锈钢	0.12	12.7	2.0	14	$Ar+H_2O\,0.5\%$①	0.23	0.08	微束
不锈钢	0.8	110	85	20	Ar	1.5	15	熔透
不锈钢	3	71.2	145	32	$Ar+H_2O\,0.5\%$①	4.7	16.3	穿透
不锈钢	6	35.4	240	38	$Ar+H_2O\,0.5\%$①	8.4	23.3	穿透
30CrMoSiA	6.5	18	200	32	Ar	6	20	穿透
12Cr1MoV	$\phi42\times5$	33	115	32	Ar	2.5	25	穿透

① 指 H_2 的体积分数。

表 10-6 不同材料等离子弧切割的工艺参数

材料	工件厚度/mm	喷嘴直径/mm	空载电压/V	切割电流/A	切割电压/V	切割速度/(m/h)	气体流量/(L/h)
不锈钢	12	2.8	160	200~210	120~130	130~157	N_2:2300~2400
不锈钢	20	3	160	220~240	120~130	70~80	N_2:2600~2700
不锈钢	30	3	230	280	125~140	35~40	N_2:2500~2700
不锈钢	150	5.5	320	440~480	190	6.55	N_2:3170
铝	12	2.8	215	250	125	784	N_2:4400
铝	21	3	230	300	130	75~80	N_2:4400
铝	80	3.5	245	350	150	10	N_2:4400
纯铜	18	3.2	180	340	84	30	N_2:1660
纯铜	38	3.5	252	364	106	11.3	N_2:1570
铬钼铜	85	3.5	252	300	117	5	N_2:1050
铸铁	100	5	240	400	160	13.2	N_2:3170

表 10-7 等离子弧焊机常见故障及解决方法

故障特征	产生原因	解决方法
引不起非转移弧	1)高频不正常 2)非转移弧线路断开 3)继电器触头接触不良 4)无离子气	1)检查并修复 2)接好非转移弧线路 3)检修或更换继电器 4)检查离子气系统,接通离子气

(续)

故障特征	产生原因	解决方法
引不起 转移弧	1)主电路电缆接头与焊件接触 不良 2)非转移弧与工件电路不通	1)使主电路电缆接头与焊件接触 良好 2)检查修复
气路漏气	1)气瓶阀漏气 2)气路接口或气管漏气	1)进行维修 2)上紧或更换
水路漏水	1)水路接口漏水 2)水管破裂 3)焊枪烧坏	1)拧紧接口 2)换新管 3)修复或更换

表 10-8 等离子弧焊常见缺欠及解决措施

缺陷类型	产生原因	解决措施
单侧咬边	1)焊炬偏向焊缝一侧 2)电极与喷嘴不同心 3)两辅助孔偏斜 4)接头错边量太大 5)磁偏吹	1)改正焊炬对中位置 2)调整同心度 3)调整辅助孔位置 4)加填充焊丝 5)改变地线位置
两侧咬边	1)焊接速度太快 2)焊接电流太小	1)降低焊接速度 2)加大焊接电流
气孔	1)焊前清理不当 2)焊丝不干净 3)焊接电流太小 4)填充丝送进太快 5)焊接速度太快	1)除净焊接区的油、锈及污物 2)清洗焊丝 3)加大焊接电流 4)降低送丝速度 5)降低焊接速度
热裂纹	1)焊材或母材硫含量太高 2)焊缝熔深、熔宽较大,熔池太长 3)工件刚度太大	1)选用硫含量低的焊丝 2)调整焊接参数 3)预热、缓冷

10.4 电渣焊

电渣焊是一种高效熔焊方法,它利用电流通过高温液体熔渣产生的电阻热作为热源,将工件和填充金属熔合成焊缝。为保持熔池形状,强制焊缝成形,在接头两侧使用水冷成形滑块挡住熔池和熔渣。熔渣对金属熔滴有一定的冶金作用,还可使金属熔池与空气隔开,避免污染。电渣焊如图 10-13 所示。

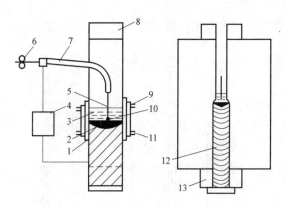

图 10-13　电渣焊

1—水冷成形滑块　2—金属熔池　3—渣池　4—焊接电源
5—焊丝　6—送丝轮　7—导电杆　8—引出板　9—出水管
10—金属熔滴　11—进水管　12—焊缝　13—起焊槽

　　按电极的形状和尺寸不同，电渣焊分为丝极电渣焊、熔嘴电渣焊、板极电渣焊等。丝极电渣焊用焊丝做电极，焊丝通过铜质导电嘴送入渣池，焊接机头随金属熔池的上升而向上移动，如图 10-14 所示；熔嘴电渣焊的电极由固定在接头间隙中的熔嘴和不断向熔池中送进的焊丝构成，如图 10-15 所示；板极电渣焊是采用一条或数

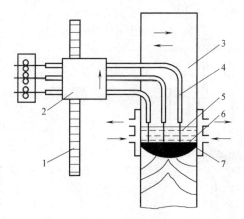

图 10-14　丝极电渣焊

1—导轨　2—焊机机头　3—工件　4—导电杆
5—渣池　6—金属熔池　7—水冷成形滑块

条金属板作为熔化电极的焊接方法，如图 10-16 所示。

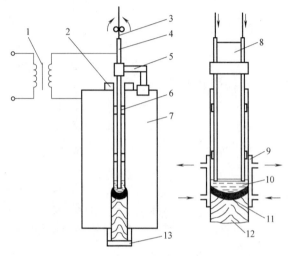

图 10-15　熔嘴电渣焊

1—电源　2—引出板　3—焊丝　4—熔嘴钢管　5—熔嘴夹持架
6—绝缘块　7—工件　8—熔嘴钢板　9—水冷成形滑块　10—渣池
11—金属熔池　12—焊缝　13—起焊槽

电渣焊的熔池形状如图 10-17 所示。电渣焊参数对焊缝形状及成分的影响见表 10-9。

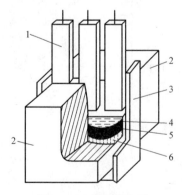

图 10-16　板极电渣焊

1—板极　2—工件　3—固定冷却铜块
4—渣池　5—金属熔池　6—焊缝

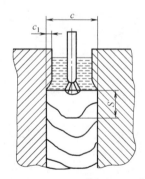

图 10-17　电渣焊的熔池形状

c—熔池宽度　S—熔池深度　c_1—熔透深度

表 10-9 电渣焊参数对焊缝形状及成分的影响

焊缝特征	增大下列参数时焊缝特征的变化						
	焊接电流		电弧电压	焊丝摆动速度	熔池深度	焊丝干伸长度	装配间隙
	≤800A	>800A					
金属熔池深度 H	增加	增加	稍增	不变	稍减	减小	不变
焊缝宽度 B	增加	减小	增加	减小	减小	不变	增加
金属熔池形状系数 $\psi = B/H$	稍减	减小	增加	减小	减小	稍增	增加
基体金属在焊缝中的量	稍减	减小	增加	减小	减小	不变	增加

常用材料熔嘴电渣焊参数见表 10-10。

表 10-10 常用材料熔嘴电渣焊参数

结构型式	工件材料	接头形式	工件厚度/mm	熔嘴数目/个	装配间隙/mm	焊接电压/V	焊接速度/(m/h)	送丝速度/(m/h)	渣池深度/mm
非刚性固定结构	Q235A Q345 20钢	对接接头	80	1	30	40~44	≈1	110~120	40~45
			100	1	32	40~44	≈1	150~160	45~55
			120	1	32	42~46	≈1	180~190	45~55
		T形接头	80	1	32	44~48	≈0.8	100~110	40~45
			100	1	34	44~48	≈0.8	130~140	40~45
			120	1	34	46~52	≈0.8	160~170	45~55
	25钢 20MnMo 20MnSi	对接接头	80	1	30	38~42	≈0.6	70~80	30~40
			100	1	32	38~42	≈0.6	90~100	30~40
			120	1	32	40~44	≈0.6	100~110	40~45
			180	1	32	46~52	≈0.5	120~130	40~45
			200	1	32	46~54	≈0.5	150~160	45~55
		T形接头	80	1	32	42~46	≈0.5	60~70	30~40
			100	1	34	44~50	≈0.5	70~80	30~40
			120	1	34	44~50	≈0.5	80~90	30~40
	35钢	对接接头	80	1	30	38~42	≈0.5	50~60	30~40
			100	1	32	40~44	≈0.5	65~70	30~40
			120	1	32	40~44	≈0.5	75~80	30~40
			200	1	32	46~50	≈0.4	110~120	40~45

（续）

结构型式	工件材料	接头形式	工件厚度/mm	熔嘴数目/个	装配间隙/mm	焊接电压/V	焊接速度/(m/h)	送丝速度/(m/h)	渣池深度/mm
非刚性固定结构	35钢	T形接头	80	1	32	44~48	≈0.5	50~60	30~40
			100	1	34	46~50	≈0.4	65~75	30~40
			120	1	34	46~52	≈0.4	75~80	30~40
刚性固定结构	Q235A Q345 20钢	对接接头	80	1	30	38~42	≈0.6	65~75	30~40
			100	1	32	40~44	≈0.6	75~80	30~40
			120	1	32	40~44	≈0.5	90~95	30~40
			150	1	32	44~50	≈0.4	90~100	30~40
		T形接头	80	1	32	42~46	≈0.5	60~65	30~40
			100	1	34	44~50	≈0.5	70~75	30~40
			120	1	34	44~50	≈0.4	80~85	30~40
大断面结构	35钢 20MnMo 20MnSi	对接接头	400	3	32	38~42	≈0.4	65~70	30~40
			600	4	34	38~42	≈0.3	70~75	30~40
			800	6	34	38~42	≈0.3	65~70	30~40
			1000	6	34	38~44	≈0.3	75~80	30~40

注：焊丝直径为3mm，熔嘴板厚10mm，熔嘴管尺寸为410mm×2mm，熔嘴尺寸须按相关标准进行选定。

10.5 爆炸焊

爆炸焊是利用炸药爆炸产生的冲击力造成工件迅速碰撞、塑性变形、熔化及原子间相互扩散而实现焊接的方法。覆板与基板之间的界面没有或仅有少量熔化，无热影响区，属于固相焊接。它适用于广泛的材料组合，有良好的焊接性和力学性能，在工程上主要用于制造金属复合材料和异种金属的焊接。爆炸焊原理如图10-18所示，爆炸结合面形态如图10-19所示。

通常，有足够的强度和塑性并能承受工艺过程所要求的快速变形的金属都可以实现爆炸焊。目前生产中爆炸焊常用的金属组合见表10-11。

表10-11 目前生产中爆炸焊常用的金属组合

材料	奥氏体不锈钢	铁素体不锈钢	普通碳钢	低合金钢	铝及铝合金	铜及铜合金	镍及镍合金	钛及钛合金	钽	铌	铂	银	金	钼	铝	钨	钯	钴	镁	锌	锆
奥氏体不锈钢	√√	√	√	√	√	√	√	√	√	√	√		√	√		√		√			
铁素体不锈钢	√	√√	√	√	√	√	√	√	√	√											
普通碳钢	√	√	√√	√	√	√	√	√	√	√				√				√			√
低合金钢	√	√	√	√√	√	√	√	√	√	√				√		√		√			
铝及铝合金	√	√	√	√	√√	√	√	√	√	√		√							√		
铜及铜合金	√	√	√	√	√	√√	√	√	√	√				√				√	√		√
镍及镍合金	√	√	√	√	√	√	√√	√	√	√			√	√		√		√	√		
钛及钛合金	√	√	√	√	√	√	√	√√	√	√	√		√	√		√			√		√
钽	√	√	√	√	√	√	√	√	√√	√				√		√	√				
铌	√	√	√	√	√	√	√	√	√	√√	√			√							
铂								√		√	√√						√				
银						√						√√									
金						√	√	√		√			√√								
钼	√	√	√	√		√	√	√	√	√				√√	√						
铝														√	√√						
钨	√			√			√	√	√							√√					
钯									√		√						√√				
钴	√		√	√		√	√											√√			
镁					√	√	√	√											√√	√	
锌																			√	√√	
锆		√				√		√													√√

注：√为焊接性良好（√√为同种金属焊接）；空白为焊接性差或无报道数据。

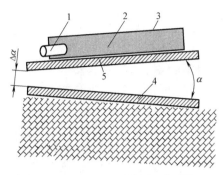

图 10-18 角度法爆炸焊原理图

α—安装角 Δα—安装尺寸

1—雷管 2—炸药 3—药框 4—基板 5—覆板

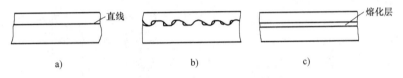

图 10-19 爆炸结合面形态

a) 直线结合 b) 波状结合 c) 直线熔化层结合

10.6 扩散焊

在一定的温度和压力下,被连接表面相互靠近、相互接触,通过使局部发生微观塑性变形或通过被连接表面产生的微观液相而扩大被连接表面的物理接触,结合层原子间经过一定时间的相互扩散,形成整体可靠连接的过程,称为扩散焊。扩散焊是将焊件在高温下加压,但不产生可见变形和相对移动的固态焊接方法。

扩散焊接头的显微组织和性能与母材接近或相同,不存在各种熔焊缺欠,也不存在具有过热组织的热影响区,工艺参数易于控制,在批量生产时接头质量稳定;因为工件不发生变形,可以实现机械加工后的精密装配连接。扩散焊可以进行内部的连接,也可实现因电弧可达性不好不能用熔焊方法实现的连接,适合于耐热材料(耐热合金、钨、钼、铌、钛等)、陶瓷、磁性材料及活性金属的连接。

10.7 激光焊

激光是利用原子受激辐射的原理，使工作物质受激而产生一种单色性高、方向性强以及光亮度高的光束。利用激光器产生的高能量密度的相干单色光子流聚焦而成的激光束作为能源，轰击金属或非金属焊件，产生热量并使之熔化进而形成焊接接头的连接方法称为激光焊。它是一种高质量、高精度、高效率的焊接方法。按激光器输出能量方式不同，激光焊分为脉冲激光焊和连续激光焊（包括高频脉冲连续激光焊）。脉冲激光焊时，输入到焊件上的能量是断续的、脉冲的，每个激光脉冲在焊接过程中形成一个圆形焊点。连续激光焊在焊接过程中形成的是一条连续的焊缝。

用脉冲激光焊能够焊接铜、铁、锆、钽、铝、钛、铌等金属及其合金，用连续激光焊可焊接除铜、铝合金外的其他金属。脉冲激光焊主要用于微型件、精密件和微电子元件的焊接，连续激光焊主要用于厚板深熔焊，对接、搭接、端接、角接均可采用连续激光焊。激光焊由于热影响区小，可避免热损伤，广泛应用于电子工业和仪表工业（如微电器件外壳及精密传感器外壳的封焊、精密热电偶的焊接、波导元件的定位焊等）。

第 11 章

焊接常见缺欠及防止措施

11.1　电弧焊常见缺欠及防止措施

电弧焊常见缺欠有焊缝成形不良、未熔合与未焊透、烧穿及焊漏、背面内凹、电弧擦伤、气孔、裂纹、夹渣、焊瘤、咬边弧坑等。

11.1.1　焊缝成形不良

焊缝成形不良主要指几何尺寸不符合设计规定，如图 11-1所示。

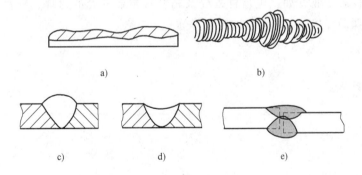

图 11-1　焊缝成形不良

a）焊缝高低不平　b）焊缝宽度不均匀　c）焊缝余高过高
d）焊缝余高过低　e）错边

1. 产生焊缝成形不良的原因

1）焊接电流过大或过小。

2）焊接速度过大或过小。

3）坡口过宽或过窄，装配间隙不均匀。

4）定位焊点未焊牢，定位焊缝过高。

5）焊接时的焊条角度不正确。

2. 防止产生焊缝成形不良的措施

1）选择正确的焊接电流。

2）选择正确的焊接速度并保证匀速焊接。

3）选择适当的坡口角度和装配间隙。

4）焊好定位点，并对齐中心线。

5）采用正确的焊条角度和摆动方法。

11.1.2　未熔合及未焊透

未熔合是指焊缝金属与母材金属，或焊缝金属之间未熔化结合在一起的缺欠。按其所在部位，未熔合可分为坡口未熔合、层间未熔合和根部未熔合三种。未熔合是一种面积型缺欠，对于坡口未熔合和根部未熔合，承载截面积的减小非常明显，应力集中也比较严重，其危害性非常大。未焊透是指母材金属未熔化，焊缝金属没有进入接头根部的现象。未焊透的危害之一是减小了焊缝的有效截面积，使接头强度下降。另外，未焊透引起的应力集中所造成的危害比强度下降的危害大得多。

未熔合及未焊透的说明及图示见表 11-1。

1. 产生未熔合缺欠的原因

1）焊接电流过小或焊接速度过快。

2）焊条角度不正确。

表 11-1　未熔合及未焊透的说明及图示

缺欠类型	说明	图示
未熔合	焊接金属和母材或焊缝金属各焊层之间未结合的部分，包括侧壁未熔合、焊道间未熔合、根部未熔合等	

（续）

缺欠类型	说明	图示
未焊透	实际熔深与公称熔深之间的差异	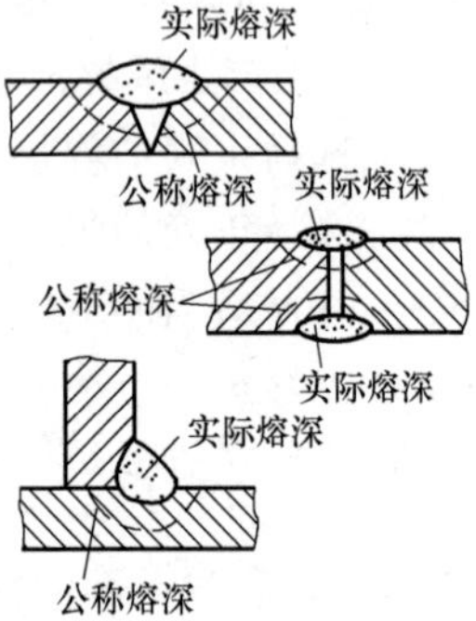
	根部的一个或两个熔合面未熔化	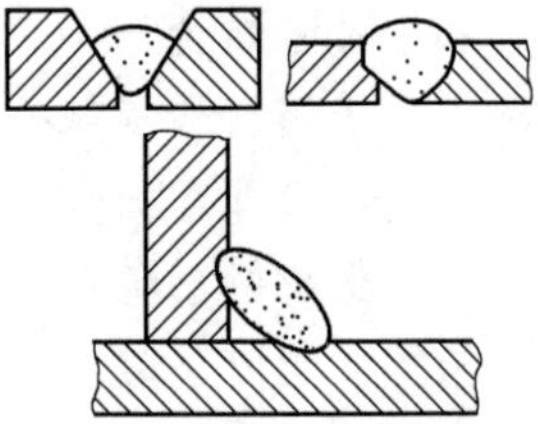

3）发生了磁偏吹现象。

4）焊接处于下坡焊位置，母材未熔化时已被铁液覆盖。

5）母材表面有污物或氧化物，影响熔敷金属与母材间的熔化结合。

2. 防止产生未熔合的措施

1）采用较大的焊接电流或较慢的焊接速度。

2）正确进行施焊操作，运条时注意调整焊条角度，使熔化金属与母材间能均匀加热并熔合。

3）用交流代替直流，以防止磁偏吹现象。

4）对坡口部位进行仔细的清洁。

3. 产生未焊透的原因

1）焊接电流小，熔深浅。

2）坡口和间隙尺寸不合理，钝边太大，坡口角度太小。

3）产生了磁偏吹现象。

4）焊接电弧过长，极性不正确。

5）层间及焊根清理不良。

4. 防止产生未焊透的措施

1）使用较大的焊接电流。

2）用交流代替直流，以防止出现磁偏吹现象。

3）采用短弧焊接。

4）合理设计坡口并加强清理。

11.1.3 烧穿及焊漏

在焊接过程中，熔化金属自坡口背面流出形成穿孔的缺欠称为烧穿，如图11-2所示。熔化金属从焊缝背面流出凝固成小凸台称为焊漏，如图11-3所示。烧穿使该处焊缝强度显著减小，也影响外观，必须避免。烧穿及焊漏产生的主要原因是焊接电流过大，焊接速度过慢，工件间隙过大。防止产生烧穿及焊漏的措施是减小焊接电流，加大焊接速度，减小工件间隙。

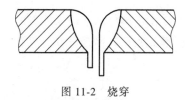

图 11-2 烧穿

图 11-3 焊漏

11.1.4 背面内凹

根部焊缝低于母材表面的现象称为背面内凹。这种缺欠多发生在单面焊双面成形中，尤其是焊条电弧焊仰焊易产生背面内凹。背面内凹减小了焊缝横截面积，降低了焊接接头的承载能力。

1. 产生背面内凹的原因

在仰焊时，背面形成熔池过大，铁液在高温时表面张力小，液态金属因自重而下沉形成背面内凹。

2. 防止产生背面内凹的措施

1）电流大小要适中。

2）采用短弧焊接。

3）焊接坡口和间隙不宜过大。

4）控制好熔池温度。

5）调节好熔池的形状和大小。

6）坡口两侧要熔合好，中间运条要迅速均匀。

11.1.5 电弧擦伤

焊条前端裸露部分与母材表面接触使其短暂引弧，几乎不会熔化金属，只在母材表面留下擦伤痕迹，称为电弧擦伤。电弧擦伤处，在引弧的一瞬间没有熔渣和气体保护，空气中的氮在高温下形成氮化物，快速进入工件。擦伤处冷却速度很快，造成此处硬度很高，产生硬脆现象。

一旦有电弧擦伤，应仔细把硬脆层打磨掉。若打磨后造成板厚减薄过限，应进行补焊。

11.1.6 气孔

在焊接过程中，熔池金属中的气体在金属冷却之前未能及时逸出而残留在焊缝金属的内部或表面所形成的孔穴称为气孔。气孔种类繁多，按其形状及分布可分为球形气孔、椭圆形气孔、链状气孔、蜂窝状气孔、虫形气孔、条形气孔、表面气孔等，如图 11-4 所示。

1. 产生气孔的原因

1）焊条及待焊处母材表面的水分、油污、氧化物，尤其是铁锈，在焊接高温作用下分解出气体，如氢气、氧气、一氧化碳气体和水蒸气等，溶解在熔滴和焊接熔池金属中。

2）基本金属和焊条钢芯的含量过高，焊条药皮脱氧能力差。

3）气体在焊接过程中浸入熔滴和熔池后，参与冶金反应，有些原子状态的气体能溶于液态金属中，当焊缝冷却时，随着温度下

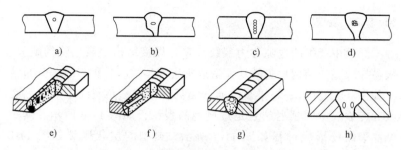

图 11-4　气孔的种类

a）球形气孔　b）椭圆形气孔　c）链状气孔　d）蜂窝状气孔　e）虫形气孔
f）条形气孔　g）表面气孔　h）内部气孔

降，其在金属中的溶解度急剧下降，析出来的气体要浮出熔池，如果在焊缝金属凝固期间，未能及时浮出而残留在金属中，则形成气孔。

4）焊接电流偏低或焊接速度过快，熔池存在时间短，气体来不及从熔池金属中逸出。

5）焊接电流偏高，造成焊条发红、药皮脱落，失去保护作用。

6）焊接电弧过长，熔池保护不良，空气进入熔池。

7）焊接时冶金反应产生较多的气体。

2. 防止产生气孔的措施

1）清除焊条、工件坡口及其附近表面的油污、铁锈、水分和杂物。

2）采用碱性焊条，并彻底烘干。

3）采用直流反接法。

4）长弧焊比短弧焊易产生气孔，尽量采用短弧焊接。

5）给电弧加脉冲可有效减小产生气孔的倾向。

6）施工场地应有防风、防雨等设施，焊接环境温度过低时应采用预热措施，适当增加熔池在高温的停留时间。

7）采用正确的焊接规范施焊。

8）向下立焊比向上立焊易产生气孔，尽量采用向上立焊法施焊。

11.1.7 裂纹

焊缝中产生的缝隙称为裂纹,它是焊接结构中最危险的缺欠,极易导致整个结构件失效从而造成灾害性事故。各种裂纹的分布情况如图 11-5 所示。焊接裂纹的分类见表 11-2。热裂纹中的结晶裂纹和冷裂纹中的延迟裂纹是最典型的裂纹,如图 11-6 所示。其中结晶裂纹的形成过程如图 11-7 所示,典型的层状撕裂如图 11-8 所示。

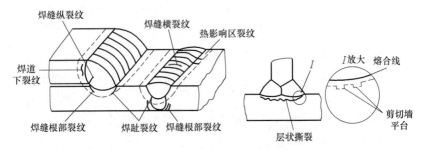

图 11-5　各种裂纹的分布情况

表 11-2　焊接裂纹的分类

裂纹种类		产生原因	敏感的温度区间	被焊材料	位置
热裂纹	结晶裂纹	在结晶后期,由于低熔共晶形成的液态薄膜削弱了晶粒间的联结,在拉伸应力作用下发生开裂	固相线以上稍高的温度	杂质较多的碳钢、低中合金钢、奥氏体钢	焊缝上,少量在热影响区
	多边化裂纹	在高温和应力作用下,晶格缺陷发生移动和聚集,形成二次边界,它是在高温下处于低塑性状态,在应力作用下产生的裂纹	固相线以下再结晶的温度	纯金属及单相奥氏体合金	焊缝上,少量在热影响区
	液化裂纹	在焊接热循环作用下,在热影响区和多层焊的层间发生重熔,在应力作用下产生的裂纹	固相线以下稍低的温度	含硫、磷、碳较多的镍铬高强钢、奥氏体钢	热影响区及多层焊的层间

（续）

裂纹种类		产生原因	敏感的温度区间	被焊材料	位置
再热裂纹		厚板焊接结构消除应力处理过程中，在热影响区的粗晶区存在不同程度的应力集中时，由于应力松弛所产生的附加变形大于该部位的蠕变塑性，则发生再热裂纹	600～700℃回火温度	含有沉淀强化元素的高强钢、珠光体钢、奥氏体钢	热影响区的粗晶区
冷裂纹	延迟裂纹	在淬硬组织、氢和约束应力的共同作用下而产生的具有延迟特征的裂纹	在 M_s 点以下	中、高碳钢，低、中合金钢	热影响区，少量在焊缝上
	淬硬脆化裂纹	由于淬硬组织，在焊接应力作用下产生的裂纹	M_s 点附近	马氏体不锈钢	热影响区，少量在焊缝上
	低塑性脆化裂纹	在较低温度下，由于被焊材料的收缩应变超过了材料本身的塑性储备而产生的裂纹	在400℃以下	铸铁、堆焊硬质合金	热影响区及焊缝
层状裂纹		由于钢板内部存在有分层的夹杂物（沿轧制方向），焊接时会产生垂直于轧制方向的应力，致使在热影响区或稍远的地方产生"台阶"式层状开裂	约400℃以下	含有杂质的低合金高强钢厚板结构	热影响区附近

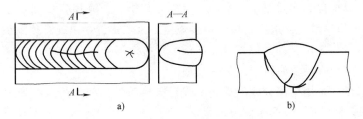

图 11-6 典型裂纹

a）结晶裂纹 b）延迟裂纹

1. 产生裂纹的原因

1）接头内有一定量的氢元素。

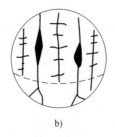

图 11-7 结晶裂纹的形成过程

a）结晶初期 b）结晶后期

图 11-8 层状撕裂

a）Ⅰ类撕裂 b）Ⅱ类撕裂 c）Ⅲ类撕裂 d）Ⅳ类撕裂

2）淬硬组织（马氏体）减小了金属的塑性。

3）接头内存有残余应力。

4）焊接时冷却速度过大。

2. 防止产生裂纹的措施

1）采用低氢型碱性焊条，严格烘干，在 100～150℃下保存，随取随用。

2）提高预热温度，采用焊后热处理措施，并保证层间温度不低于预热温度，选择合理的焊接规范，避免焊缝中出现淬硬组织。

3）选用合理的焊接顺序，减小焊接变形和残余应力。

4）焊后及时进行除氢热处理。

5）采用熔深较浅的焊缝，改善散热条件，使低熔点物质上浮在焊缝表面，而不存在于焊缝中。

6）采用合理的装配次序，减小焊接应力。

7）适当提高热输入量，减小热影响区的硬度。

8）采用较高的预热温度（300～450℃）防止热裂纹的产生。

9）采用抗层状撕裂的"Z"向钢可有效减小产生层状撕裂的

倾向。

10）控制焊缝断面形状，宽深比要稍大些，可避免焊缝中心的偏析，减小产生裂纹的倾向。

11.1.8 夹渣

夹渣是指未熔的焊条药皮或焊剂、硫化物、氧化物、氮化物残留于焊缝之中，冶金反应不完全，脱渣性不好，有单个点状夹渣、条状夹渣、链状夹渣和密集夹渣几种类型。它的存在削减了焊缝的截面积，降低了焊缝强度，引起了应力集中，并且降低了密封性。夹渣缺欠如图 11-9 所示。

条状夹渣　　　　　链状夹渣　　　　　点状夹渣

图 11-9　夹渣

1. 产生夹渣的原因

1）坡口尺寸不合理。

2）坡口有污物，焊前坡口及两侧油污、氧化物太多，清理不彻底。

3）运条方法不正确，熔池中的熔化金属与熔渣无法分清。

4）电流太小。

5）熔渣黏度太大。

6）多层多道焊时，前道焊缝的熔渣未清除干净。

7）焊接速度太快，导致焊缝冷却速度过快，熔渣来不及浮到焊缝表面。

8）焊缝接头时，未先将接头处熔渣敲掉，或加热不够，造成接头处夹渣。

9）收弧速度太快，未将弧坑填满，熔渣来不及上浮，造成弧坑夹渣。

2. 防止产生夹渣的措施

1）焊接过程中始终要保持熔池清晰、熔渣与液态金属良好分离。

2）彻底清理坡口及两侧的油污、氧化物等。

3）按焊接工艺规程正确选择焊接规范。

4）选用焊接工艺性好、符合标准要求的焊条。

5）接头时要先清渣且充分加热，收弧时要填满弧坑、将熔渣排出。

11.1.9　焊瘤

焊瘤是焊接时熔化金属流淌到焊缝之外未熔化的母材上所形成的金属瘤，如图 11-10 所示。焊瘤的存在不仅影响焊缝的外观成形，导致进行其他安装时不易装配到位，还会造成夹渣和未焊透等缺欠。

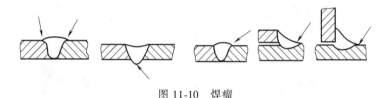

图 11-10　焊瘤

1. 产生焊瘤的原因

1）仰焊时，第一层多采用灭弧焊法，常因焊接时灭弧的周期时间掌握不当，使熔池温度过高而产生焊瘤。

2）电流过大、两侧运条速度过快而中间运条速度过慢，使熔池金属因自重而下坠形成焊瘤。若电流过小，不得不降低焊接速度，使熔池中心温度过高，也会产生焊瘤。

3）立焊时的单面焊双面成形，第一层为了焊透多采用击穿焊法。一旦熔池温度失控，会在背面或正面产生焊瘤，正面焊瘤产生的原因纯属熔池温度过高。

4）背面焊瘤产生的原因除熔池温度过高外，还有焊条伸入过深、熔池金属被推挤到背面过多。

5）焊接装配间隙过大也会产生焊瘤。

2. 防止产生焊瘤的措施

1）使用碱性焊条时采用短弧焊接。

2）运条速度要均匀，不要忽快忽慢。

3）选用比平焊电流小 10%~15% 的电流值，焊条左右运条时，中间稍快、坡口两边稍慢且有停留动作。尽量用短弧焊接，注意观察熔池，若有下坠迹象，应立即灭弧，等待熔池稍冷再引弧焊接。控制熔池金属温度时，可采用跳弧焊、灭弧焊降温。

4）对间隙大的坡口，应采用多点焊法，以后各层焊时要采用两边稍慢、中间稍快的运条方法，控制熔池形状为扁椭圆形，熔池液态金属与熔渣要分离。一旦熔池下部出现"鼓肚"现象，应采用跳弧或灭弧降温。

11.1.10　咬边

在焊接过程中，焊缝边缘母材被电弧烧熔而出现的凹槽称为咬边，也称咬肉，如图 11-11 所示。咬边多出现在立焊、横焊、仰焊、平角焊等焊缝中。咬边会减小焊缝的有效使用面积，降低抗拉强度和疲劳强度，并造成应力集中，促使凹槽局部屈服，尤其是在动载荷下，往往是裂纹的萌发处，而且会加速局部腐蚀。

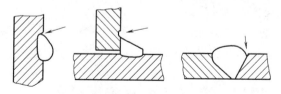

图 11-11　咬边

1. 产生咬边的原因

使用了过大的焊接电流、电弧太长、焊条角度不对、运条不正确、在坡口两侧停留时间太短或时间太长、电弧偏吹等因素都会造成咬边。

2. 防止产生咬边的措施

1）正确选用焊接参数，不要使用过大的焊接电流。

2）采用短弧焊，坡口两边运条稍慢、焊缝中间稍快。

3）焊条角度要正确。

4）在焊接角焊缝时，保持一定的电弧长度。

11.1.11 弧坑

弧坑是指焊后在焊缝上表面或背面形成的低于母材表面的局部低洼缺欠，是一种外部缺欠，如图11-12所示。在弧坑内不仅容易产生气孔、夹渣、裂纹等缺欠，还会使焊缝的强度大大降低。

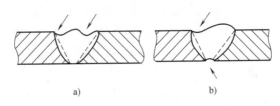

a)   b)

图 11-12 弧坑

a）上表面弧坑 b）上、下表面弧坑

1．产生弧坑的原因

由于采用电弧焊焊接薄板时焊接电流过大或收尾时间过短，未将熔池填满，则容易产生弧坑缺欠。

2．防止产生弧坑的措施

1）选择正确的焊接电流值。

2）焊接收尾时多进行几次回焊操作或做几次环形运条。

3）尽量在平焊位置施焊。

11.2 气焊气割常见缺欠及防止措施

气焊气割常见缺欠及防止措施见表11-3。

表 11-3 气焊气割常见缺欠及防止措施

	缺陷种类	原因	预防措施
气焊缺陷	烧穿：焊接过程中，熔化金属自坡口背面流出，形成穿孔的缺陷	焊接火焰能率太大	调整焊嘴号
		装配间隙太大	调整装配间隙
		焊炬角度不正确	调整焊炬角度
		焊接速度太慢	提高焊接速度
	未焊透	火焰能率太小	调整焊嘴号
		焊接速度太快	调整焊接速度
		未留装配间隙	预留装配间隙

（续）

缺陷种类		原因	预防措施
气焊缺陷	焊偏	焊工技术水平低	提高焊工技术水平
	气孔、缩孔	表面清理不净 焊工操作水平低	彻底清理焊件表面 提高焊工技术水平
	变形	定位不准或定位顺序错误	准确定位
	宽窄不均	焊炬和焊丝配合不协调 焊接速度不均	协调配合送丝与焊炬移动 匀速焊接
气割缺陷	割口过宽且表面粗糙	火焰能率过大 切割氧压力过大	调整割嘴号 降低切割氧压力
	挂渣不易去除	切割氧压力过低 火焰太大	提高切割氧压力 调整火焰大小
	割口表面不齐或棱角熔化	预热火焰过大或切割火焰过小 切割速度过慢	调整火焰大小 提高切割速度
	割口后拖量大	切割速度过快	降低切割速度
	割件变形	切割顺序不当 预热能率过大 气割速度太慢	合理安排切割顺序 降低预热能率 提高气割速度

11.3　碳弧气刨常见缺欠及防止措施

碳弧气刨常见缺欠及防止措施见表11-4。

表 11-4　碳弧气刨常见缺欠及防止措施

缺欠种类	产生原因	预防措施
夹碳：使炭棒头部触及铁液或未熔化的金属，电弧会因短路而熄灭，当炭棒再往上提起时，因温度很高，炭棒端部脱落并粘在未熔化的金属上，就会形成夹碳缺陷。夹碳缺陷处会形成一层硬脆的碳化铁。若夹碳残存在坡口中，焊后易产生气孔和裂纹	刨削速度太快或炭棒送进过猛	1）及时调整刨削速度和炭棒送进速度 2）若出现夹碳，可用砂轮、风铲或重新用气刨将夹碳部分清除干净

（续）

缺欠种类	产生原因	预防措施
粘渣:气刨时吹出来的物质俗称为"渣",主要是氧化铁和碳含量很高的金属的混合物。如果渣粘在刨槽的两侧,即为粘渣	1)压缩空气压力小 2)刨削速度与电流配合不当,如电流大而刨削速度太慢 3)炭棒与工件间倾角过小	1)提高压缩空气压力 2)合理协调刨削速度与电流大小 3)炭棒与工件间倾角不宜过小 4)若出现粘渣,可用钢丝刷、砂轮或风铲等工具将其清除
铜斑:炭棒表面的铜皮成块剥落,熔化后集中熔敷到刨槽表面某处而形成铜斑。焊接时,该部位焊缝金属的铜含量可能增加很多而引起热裂纹	1)炭棒镀铜质量不好 2)电流过大	1)应选用好的炭棒 2)选择合适的电流 3)出现铜斑后,可用钢丝刷、砂轮或重新用气刨将铜斑清除干净
刨槽尺寸和形状不规则:在碳弧气刨操作过程中,有时会产生刨槽不正、深浅不均匀甚至刨偏的缺陷	1)刨削速度和炭棒送进速度不稳定 2)炭棒的空间位置不稳定 3)炭棒没对准预定刨削路径	1)保持刨削速度和炭棒送进速度稳定 2)在刨削过程中,炭棒的空间位置尤其是炭棒夹角应合理且保持稳定 3)刨削时应集中注意力,使炭棒对准预定刨削路径。清焊根时,应将炭棒对准装配间隙
刨偏:由于炭棒偏离预定位置而造成刨偏。碳弧气刨的速度比电弧焊快2~4倍,故技术不熟练就易刨偏	焊工操作技术不熟练	刨削时注意力必须集中,看准目标线。清焊根时,应将焊缝反面缝线作为目标线,如刨单边V形坡口,则可在坡口宽度处打上标记,以作为目标线

参 考 文 献

[1]　陈永. 焊工操作质量保证指南 [M]. 2 版. 北京：机械工业出版社，2017.

[2]　龙伟民，陈永. 焊接材料手册 [M]. 北京：机械工业出版社，2014.

[3]　金凤柱，陈永. 电焊工操作入门与提高 [M]. 北京：机械工业出版社，2012.

[4]　金凤柱，陈永. 电焊工操作技术问答 [M]. 北京：机械工业出版社，2014.

[5]　金凤柱，陈永. 电焊工操作技巧轻松学 [M]. 北京：机械工业出版社，2018.

[6]　范绍林. 焊工操作技巧集锦 [M]. 北京：化学工业出版社，2010.

[7]　范绍林. 焊接操作实用技能与典型实例 [M]. 郑州：河南科学技术出版
社，2012.

[8]　范绍林，雷鸣. 电焊工一点通 [M]. 北京：科学出版社，2012.

[9]　段玉春. 最新焊工技术手册 [M]. 呼和浩特：内蒙古人民出版社，2009.

[10]　龙伟民，刘胜新. 焊接工程质量评定方法及检测技术 [M]. 2 版. 北京：机械
工业出版社，2015.

[11]　刘胜新. 特种焊接技术问答 [M]. 北京：机械工业出版社，2009.

[12]　孙景荣. 焊工操作入门与提高 [M]. 北京：化学工业出版社，2012.

[13]　孙景荣. 焊工工作手册 [M]. 北京：化学工业出版社，2012.

[14]　孙景荣. 焊条电弧焊速学与提高 [M]. 北京：化学工业出版社，2013.

[15]　邱言龙，聂正斌，雷振国. 手工钨极氩弧焊技术快速入门 [M]. 上海：上海科
学技术出版社，2011.

[16]　邱言龙，雷振国，聂正斌. 电阻焊与电渣焊技术快速入门 [M]. 上海：上海科
学技术出版社，2011.

[17]　邱言龙，聂正斌，雷振国. 焊条电弧焊技术快速入门 [M]. 上海：上海科学技
术出版社，2011.

[18]　曾艳. 焊工入门实用技术 [M]. 北京：化学工业出版社，2013.

[19]　杨坤玉. 焊接方法与设备 [M]. 长沙：中南大学出版社，2010.

[20]　李书常，田玉民. 图解电焊工技能速成 [M]. 北京：化学工业出版社，2015.

[21]　沈阳晨，魏建军. 铸钢件焊接及缺陷修复 [M]. 北京：机械工业出版社，2016.

[22]　孙国君. 教你学焊接 [M]. 北京：化学工业出版社，2012.

[23]　高卫明. 焊接方法与操作 [M]. 北京：北京航空航天大学出版社，2012.

[24]　陈丽丽，杜贤宏. 焊工技能图解 [M]. 北京：机械工业出版社，2010.

[25]　张能武. 焊工入门与提高 [M]. 北京：化学工业出版社，2018.

[26]　林圣武. 焊工操作技术 [M]. 上海：上海科学技术文献出版社，2013.

[27]　吴晶波. 焊工基本技能 [M]. 北京：机械工业出版社，2013.

[28]　上海市职业指导培训中心. 焊工技能快速入门 [M]. 南京：江苏科学技术出版
社，2006.

[29]　高忠民. 焊条电弧焊 [M]. 北京：金盾出版社，2012.

[30]　高忠民. 熔化极气体保护焊 [M]. 北京：金盾出版社，2013.

[31]　邱葭菲. 焊接方法与设备使用 [M]. 北京：机械工业出版社，2013.

[32]　陈裕川. 焊条电弧焊 [M]. 北京：机械工业出版社，2013.

[33]　王新洪，宋思利，韩芳. 焊条电弧焊 [M]. 北京：化学工业出版社，2014.

[34]　《焊接工艺与操作技巧丛书》编委会. 焊条电弧焊工艺与操作技巧 [M]. 沈阳：辽宁科学技术出版社，2010.

[35]　《焊接工艺与操作技巧丛书》编委会. 埋弧焊工艺与操作技巧 [M]. 沈阳：辽宁科学技术出版社，2010.

[36]　王兵. 焊条电弧焊一学就会 [M]. 北京：化学工业出版社，2014.

[37]　于清武，吴昭. 手工电弧单面焊双面成形实用方法 [M]. 北京：石油工业出版社，2010.

[38]　王滨涛，代景宇，张政兴，等. 新版电焊工入门 [M]. 北京：机械工业出版社，2011.